精品工程施工工艺操作口袋书系列

地基与基础施工工艺操作口袋书

中建八局浙江建设有限公司 组织编写

中国建筑工业出版社

图书在版编目（CIP）数据

地基与基础施工工艺操作口袋书 / 中建八局浙江建设有限公司组织编写 . -- 北京 : 中国建筑工业出版社，2024.5
（精品工程施工工艺操作口袋书系列）
ISBN 978-7-112-29674-3

Ⅰ. ①地… Ⅱ . ①中… Ⅲ . ①地基－工程施工②基础（工程）－工程施工Ⅳ . ① TU47 ② TU753

中国国家版本馆 CIP 数据核字（2024）第 056053 号

本书中未注明的，长度单位均为“mm”，标高单位为“m"。

责任编辑：王砾瑶　张　磊
责任校对：芦欣甜

精品工程施工工艺操作口袋书系列
地基与基础施工工艺操作口袋书
中建八局浙江建设有限公司　组织编写
*
中国建筑工业出版社出版、发行（北京海淀三里河路 9 号）
各地新华书店、建筑书店经销
北京海视强森文化传媒有限公司制版
临西县阅读时光印刷有限公司印刷
*
开本：787 毫米 × 1092 毫米　1/32　印张：$6\frac{1}{4}$　字数：160 千字
2024 年 8 月第一版　2024 年 8 月第一次印刷
定价：**63.00** 元
ISBN 978-7-112-29674-3
（42277）

为贯彻落实党的二十大精神，助推建筑业高质量发展，全面提升工程品质，夯实基础管理能力，践行发扬工匠精神，推进质量管理标准化，提高工程管理人员的专业素质，我们认真总结和系统梳理现场施工技术及管理经验，组织编写了这套《精品工程施工工艺操作口袋书系列》。本丛书包括以下分册：《地基与基础施工工艺操作口袋书》《主体结构施工工艺操作口袋书》《装饰装修及屋面施工工艺操作口袋书》《机电安装施工工艺操作口袋书》。

丛书从工程管理人员和操作人员的需求出发，既贴近施工现场实际，又严格体现行业规范、标准的规定，较系统地阐述了建筑工程中常用分部分项工程的施工工艺流程、施工工艺标准图、控制措施和技术交底。具有结构新颖、内容丰富、图文并茂、通俗易懂、实用性强的特点，可作为从事建设工程施工、管理、监督、检查等工程技术人员及相关专业人员的参考资料。

丛书在编写过程中得到了编者所在单位领导以及中国建筑工业出版社领导的鼓励与支持，同时还收集了大量资料，参阅并借鉴了《建筑施工手册（第五版）》和众多规范、标准的相关内容，汇聚了编制和审阅人员的

前言
preface

辛勤劳动及宝贵意见，是共有的技术结晶和财富。在此，一并表示衷心的感谢。希望本丛书能对规范施工现场各工序操作提供有益指导，同时也期望丛书能对所有使用本丛书的读者有所帮助。限于编者水平、经验及时间，书中难免还存在一些不妥和错误之处，恳请读者及同行批评指正，编者不胜感激。

编　者

2023 年 7 月于杭州

目录
contents

13 高聚物改性沥青卷材施工工艺

14 自粘型橡胶沥青防水卷材施工工艺

15 地下工程涂膜防水施工工艺

1

①

水泥土搅拌桩施工工艺

1.1 施工工艺流程

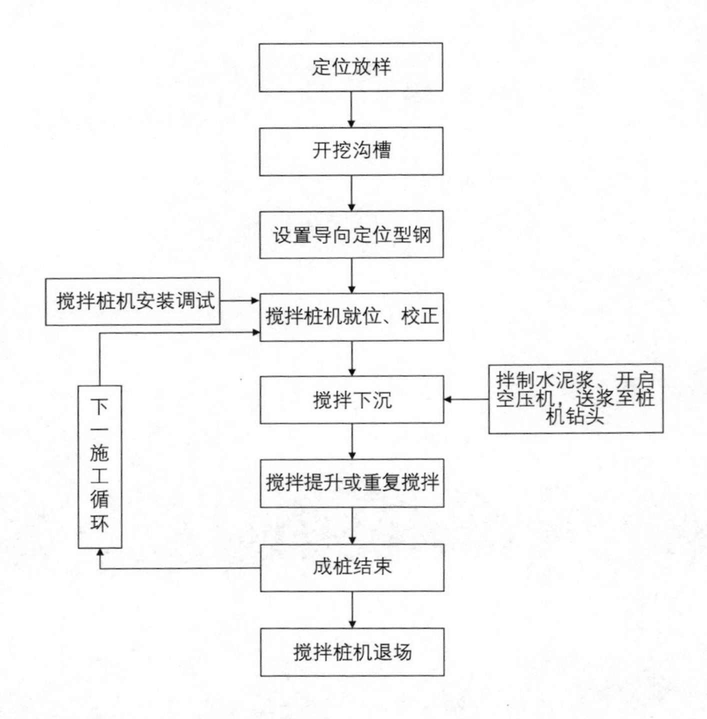

1.2 施工工艺标准图

序号	施工步骤	材料、机具准备	工艺要点	效果展示
1	定位放样	全站仪、水准仪	施工前，先根据设计图纸和业主提供的坐标基准点，精确计算出桩位中心线角点坐标或转角点坐标，利用测量仪器精确放样出桩	

续表

序号	施工步骤	材料、机具准备	工艺要点	效果展示
1	定位放样	全站仪、水准仪	位中心线，并进行坐标数据复核，同时做好护桩	
2	开挖沟槽	挖掘机、铁锹、板车	根据放样出的水泥搅拌桩中心线，用挖掘机沿围护中心线平行方向开掘工作沟槽，沟槽宽度根据围护结构宽度确定	
3	设置导向定位型钢	全站仪、水准仪	在沟槽两侧打入若干槽钢作为固定支点，垂直方向放置两根工字钢与支点焊接，再在平行沟槽方向放置两根工字钢与下面工字钢焊接作为定位型钢	
4	搅拌桩机就位、校正	水泥搅拌桩机、全站仪、水准仪、汽车式起重机	在开挖的工作沟槽两侧设计定位辅助线，按设计要求在定位辅助线上画出钻孔位置。根据确定的位置严格钻机桩架的就位	

续表

序号	施工步骤	材料、机具准备	工艺要点	效果展示
5	拌制水泥浆	搅拌机、灰浆泵、冷却泵	水泥掺入量按设计要求。根据设计桩长配置水泥与水的数量。搅拌灰浆时，先加水，然后加水泥，最后加其他添加剂，每次灰浆搅拌时间不得少于 2min，水泥浆从灰浆拌合机倒入集料斗时，使用过滤筛，把水泥硬块剔出。 水胶比为 1.5，拌浆及注浆量以每钻的加固土体方量换算。注浆压力不超过 0.8 ~ 1.0MPa，以浆液输送能力控制	
6	搅拌下沉	水泥搅拌桩机	经检查桩机各系统就绪后，启动动力电机使钻具平稳预搅拌下沉，至设计桩底标高	
7	搅拌提升或重复搅拌	水泥搅拌桩机	（1）喷浆搅拌提升：下沉到达设计深度后，开启灰浆泵，通过管路送浆至搅拌头出浆口，出浆后启动搅拌桩机及拉紧链条装置，按设计确定的提升速度（0.5 ~ 0.8m/min）边喷浆搅拌边提升钻杆，使浆液和土体充分拌和。 （2）重复搅拌下沉：搅拌钻头提升至桩顶以上 500mm 高后，关闭灰浆泵，重复搅拌下沉至设计深度，下沉速度按设计要求进行	

1.3 控制措施

序号	预控项目	产生原因	预控措施
1	水泥搅拌桩芯样不完整	（1）复搅不充分，水泥搅拌桩桩体水泥呈团块状分布，局部形成硬核，整体上呈松散状。 （2）水泥喷入量未达到设计要求，导致桩体水泥含量较低，芯样在形态上呈软塑状。 （3）水泥喷入超量，造成局部柱体水泥含量过高，导致取芯困难，取出的芯样破碎、不成型	（1）施工前，加强对地面的处理，碾压密实、平整。 （2）按试桩确定的工艺进行复搅，保证复搅深度和复搅遍数。 （3）按试桩确定的水泥用量进行施工，严格控制提钻速度。 （4）控制钻机电流，保证下钻、上提速度，保证桩身水泥分布均匀
2	断桩	（1）施工中出现送浆、送灰管堵塞等机械故障，在未及时处理情况下继续钻进，桩体水泥掺入不连续导致断桩。 （2）施工土层含有流砂层时，水泥浆或水泥粉在流砂层流失。 （3）对于一些软土含水率特别高的土层，水泥的掺入量偏少，一般标贯击数低于4击，表现桩身质量沿深度方向不连续	（1）施工前检查施工设备是否完好，在施工过程中出现问题时，应及时修理，并对出现问题的桩进行复搅。 （2）准确判定软基情况，及时发现流砂层，采取其他措施。 （3）控制钻进、上提速度，保证软弱层的水泥用量
3	短桩	（1）未按设计要求进行施工，存在下钻、搅拌、复搅深度不符合设计要求的现象。 （2）遇硬壳层难以打入而终止。 （3）送浆、送灰时间控制不当，钻至桩底时没有及时送浆或送灰，造成底部空钻	（1）加强监测，确保下钻、搅拌和复搅的深度满足设计要求。 （2）遇到硬壳层无法下钻时，应进行桩长的设计变更。 （3）加强现场记录，严格管理送浆、送灰的数量和深度，控制送浆、送灰质量

续表

序号	预控项目	产生原因	预控措施
4	斜桩	（1）施工前未进行场地整平，造成钻进过程中钻机倾斜。 （2）水泥搅拌桩施工机台不平整，施工人员粗心大意或责任心不强，未能及时调平机台。 （3）复搅尚未到达地面，提前移机导致桩体倾斜	（1）施工前认真进行原地面回填碾压、整平，保证施工过程地基的强度。 （2）施工过程中，在桩机上挂垂线，严格控制桩机垂直度。 （3）必须完成上一根桩的所有工作才能进行桩机移位
5	桩顶加固体强度低	（1）表层加固效果差，是加固体的薄弱环节。 （2）搅拌机械和拌和工艺选择不当，在拌和时土体上拱，不易拌和均匀	（1）将桩顶标高 1m 内作为加强段，增加一次复拌加注浆。 （2）施工时实际的桩顶标高，应考虑比设计桩顶标高超高 0.5m（需凿除部分），以加强桩顶强度

1.4 技术交底

1.4.1 施工准备

1. 材料要求

水泥、型钢进场时规格型号符合设计要求，应具有产品合格证、出厂检验报告。

2. 施工机具

搅拌桩机、吊车、注浆泵、冷却泵、机动翻斗车、导向架、集料斗、磅秤、提速测定仪、电气控制柜、铁锹、手推车、经纬仪、水准仪等。

3. 作业要求

（1）施工现场已进行场地平整，清除施工区域表层硬物和地下障碍物。

（2）路基承载能力满足重型桩机和吊车平稳行走移动的要求。

（3）现场临时水、电安装完成。

1.4.2 操作工艺

1. 工艺流程

定位放样→开挖沟槽→设置导向定位型钢→搅拌机就位、校正→拌制水泥浆→搅拌下沉→搅拌提升或重复搅拌→成桩。

2. 施工要点

（1）定位放样：根据坐标基准点，按图放出桩位，设立临时控制桩，做好测量复核单，提请验收。

（2）开挖沟槽：按基坑围护边线开挖沟槽。

（3）设置导向定位型钢：沟槽两侧打入若干槽钢作为固定支点，垂直方向放置两根工字钢与支点焊接，再在平行沟槽方向放置两根工字钢与下面工字钢焊接作为定位型钢。

（4）搅拌桩机就位、校正：根据搅拌桩中心间距尺寸在平行工字钢表面画线定位。桩机就位，移动前，移动结束后检查定位情况并及时纠正。桩机应平稳平正，并用经纬仪观测以控制钻机垂直度。

（5）拌制水泥浆：搅拌灰浆时，先加水，然后加水泥，最后加其他添加剂，每次灰浆搅拌时间不少于 2min，水泥浆从灰浆拌合机倒入集料斗时，使用过滤筛，把水泥硬块剔出。

（6）搅拌下沉：待搅拌机的冷却水循环正常后，启动搅拌机电机，放松起重机钢丝绳，使搅拌机导向架搅拌切土下沉并预搅，使软土完全搅拌切碎。

（7）搅拌提升或重复搅拌：搅拌机下沉到达设计深度后，开启灰浆泵将水泥浆压入地基土中，当水泥浆液到达喷浆口后喷浆搅拌

30s，水泥浆与桩端土充分搅拌后，再开始边喷浆、边反向旋转提升搅拌头，直至设计加固标高顶端。再将搅拌机边旋转搅拌沉入土中，至设计加固深度后，边旋转边喷浆提升搅拌。搅拌机提升至设计加固的顶面标高时停止喷浆复搅 2min。

1.4.3 质量标准

（1）采用单轴水泥土搅拌桩或双轴水泥土搅拌桩截水帷幕时，质量检验标准应符合下表的规定。

项目	序号	检查项目	允许值或允许偏差		检查方法
			单位	数值	
主控项目	1	水泥用量	不小于设计值		查看流量表
	2	桩长	不小于设计值		测钻杆长度
	3	导向架垂直度	≤ 1/150		经纬仪测量
	4	桩径	mm	± 20	量搅拌叶回转直径
一般项目	1	桩身强度	不小于设计值		28d 试块强度或钻芯法
	2	水胶比	设计值		实际用水量与水泥等胶凝材料的重量比
	3	提升速度	设计值		测机头上升距离和时间
	4	下沉速度	设计值		测机头下沉距离和时间
	5	桩位	mm	≤ 20	全站仪或用钢尺量
	6	桩顶标高	mm	± 200	水准测量，最上部 500mm 浮浆层及劣质桩体不计入
	7	施工间歇	h	≤ 24	检查施工记录

（2）采用三轴水泥土搅拌桩截水帷幕时，质量检验标准应符合下表的规定。

项目	序号	检查项目	允许值或允许偏差		检查方法
			单位	数值	
主控项目	1	桩身强度	不小于设计值		28d 试块强度或钻芯法
	2	水泥用量	不小于设计值		查看流量表
	3	桩长	不小于设计值		测钻杆长度
	4	导向架垂直度	mm	± 20	经纬仪测量
	5	桩径	不小于设计值		量搅拌叶回转直径
一般项目	1	水胶比	设计值		实际用水量与水泥等胶凝材料的重量比
	2	提升速度	设计值		测机头上升距离和时间
	3	下沉速度	设计值		测机头下沉距离和时间
	4	桩位	mm	≤ 20	全站仪或用钢尺量
	5	桩顶标高	mm	± 200	水准测量
	6	施工间歇	h	≤ 24	检查施工记录

（3）重力式水泥土墙质量检验标准应符合下表的规定。

项目	序号	检查项目	允许值或允许偏差		检查方法
			单位	数值	
主控项目	1	桩身强度	不小于设计值		钻芯法
	2	水泥用量	不小于设计值		查看流量表
	3	桩长	不小于设计值		测钻杆长度

续表

<table>
<tr><th rowspan="2">项目</th><th rowspan="2">序号</th><th rowspan="2">检查项目</th><th colspan="2">允许值或允许偏差</th><th rowspan="2">检查方法</th></tr>
<tr><th>单位</th><th>数值</th></tr>
<tr><td rowspan="8">一般项目</td><td>1</td><td>桩径</td><td>mm</td><td>± 10</td><td>量搅拌叶回转直径</td></tr>
<tr><td>2</td><td>水胶比</td><td colspan="2">设计值</td><td>实际用水量与水泥等胶凝材料的重量比</td></tr>
<tr><td>3</td><td>提升速度</td><td colspan="2">设计值</td><td>测机头上升距离和时间</td></tr>
<tr><td>4</td><td>下沉速度</td><td colspan="2">设计值</td><td>测机头下沉距离和时间</td></tr>
<tr><td>5</td><td>桩位</td><td>mm</td><td>≤ 50</td><td>全站仪或用钢尺量</td></tr>
<tr><td>6</td><td>桩顶标高</td><td>mm</td><td>± 200</td><td>水准测量</td></tr>
<tr><td>7</td><td>导向架垂直度</td><td colspan="2">≤ 1/100</td><td>经纬仪测量</td></tr>
<tr><td>8</td><td>施工间歇</td><td>h</td><td>≤ 24</td><td>检查施工记录</td></tr>
</table>

1.4.4 成品保护

（1）搅拌桩施工完毕应养护 14d 以上才可开挖。基坑基底标高 300mm 以上，应采用人工开挖。

（2）桩头挖出后禁止机械在其上面行走，防止桩头破坏，并应尽快进行下道工序的施工。

1.4.5 安全、环保措施

（1）搅拌机在行进过程中应采取防倾覆措施，固定牢固，避免施工时发生倾覆出现安全事故。

（2）搅拌机的入土切削和提升搅拌，当负荷太大及电机工作电流超过预定值时，应减慢升降速度或补给清水，一旦发生卡钻或停钻现象，应切断电源，将搅拌机强制提起之后，才能启动电机。

（3）搅拌机行进路线应做到无积水，深层搅拌机行进时应顺畅。

2

② 高压旋喷注浆施工工艺

2.1 施工工艺流程

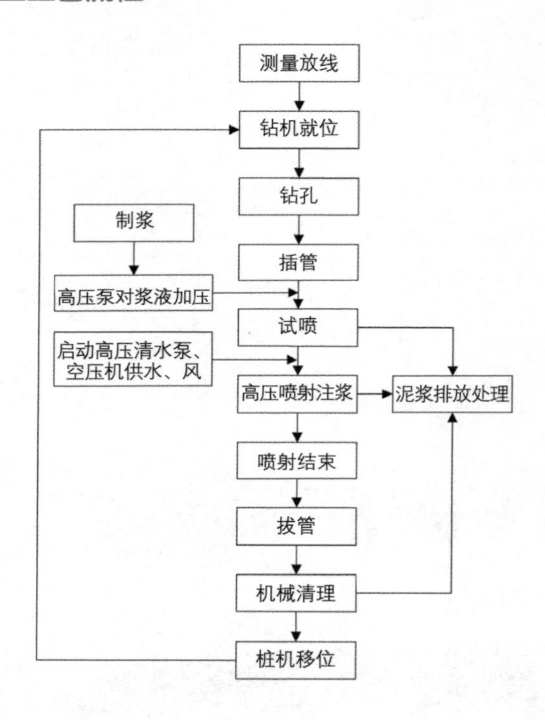

2.2 施工工艺标准图

序号	施工步骤	材料、机具准备	工艺要点	效果展示
1	测量放线	全站仪、白石灰、木桩	根据设计的施工图和坐标网点测量放出施工轴线，在施工轴线上确定孔位，编上桩号、孔号、序号，依据基准点进行测量各孔口地面高程	

序号	施工步骤	材料、机具准备	工艺要点	效果展示
2	钻机就位	旋喷桩机、全站仪	移动旋喷桩机到指定桩位，将钻头对准孔位中心，同时整平钻机，放置平稳、水平	
3	制浆	搅拌机、泥浆泵	桩机移位时，即开始按设计确定的配合比拌制水泥浆。首先将水加入桶中，再将水泥和外加剂倒入，开动搅拌机搅拌 10 ~ 20min，而后拧开搅拌桶底部阀门，放入第一道筛网（孔径为 0.8mm），过滤后流入浆液池，然后通过泥浆泵抽进第二道过滤网（孔径为 0.8mm），第二次过滤后流入浆液桶中，待压浆时备用	
4	钻孔	旋喷桩机	钻机成孔直径宜为 90 ~ 150mm，钻机定位偏差应不小于 20mm，钻机安放应水平，钻杆垂直度偏差应不小于 1/100。在标准贯入 N 值小于 40 的土层中进行单管和二重管喷射作业时，可采用振动钻机直接将注浆管插入射水成孔。三重管法可采用地质钻机或振动打桩机预先成孔，成孔直径一般为 150 ~ 200mm。孔壁易坍塌时，应下套管	

续表

序号	施工步骤	材料、机具准备	工艺要点	效果展示
5	插管	—	将注浆管（单管法）、同轴双通道二重注浆管（重管法）、同轴三重注浆管（三重管法）插入钻孔预定深度。在插入注浆管前，先检查高压水与空气喷射情况，各部位密封圈是否封闭，连接接头是否密封良好。当采用旋喷管进行钻孔作业时，钻孔和插管二道工序可合二为一，钻孔达到设计深度时，即可开始旋喷，而采用其他钻机钻孔时，应拔出钻杆，再插入旋喷管，在插管过程中，为防止泥砂堵塞喷嘴，可用较小的压力边下管边射水	—
6	试喷	旋喷桩机	旋喷施工下喷射管前，应进行地面试喷并调准喷射方向和摆动角度	
7	高压喷射注浆	旋喷桩机	喷浆管下沉到达设计深度后，停止钻进，旋转不停，高压泥浆泵压力增到施工设计值（20 ~ 40MPa），座底喷浆30s后，边喷浆边旋转，同时严格按照设计和试桩确定的提升速度提升钻杆。若为二重管法或三重管法施工，在达到设计深度后，接通高压水管、空压管，开动高压清水泵、泥浆泵、空压机和钻机进行旋转，并用仪表控制压力、流量和风量，分别达到预定数值时开始提升，继续旋喷和提升，直至达到预期的加固高度后停止	

续表

序号	施工步骤	材料、机具准备	工艺要点	效果展示
8	拔管	旋喷桩机	旋喷管被提升到设计标高顶部时，清孔的喷射注浆即告完成，此时即可拔出旋喷管	
9	机械清理	—	（1）喷射施工完成后，应把注浆管等机具设备采用清水冲洗干净，防止凝固堵塞。管内、机内不得残存水泥浆。 （2）向浆液罐中注入适量清水，开启高压泵，清洗全部管路中残存的水泥浆，直至基本干净。并将粘附在喷浆管头上的土清洗干净	
10	桩机移位	—	移动桩机进行下一根桩的施工	

2.3 控制措施

序号	预控项目	产生原因	预控措施
1	固结体强度不均匀、缩颈	（1）喷射方法与机具没有根据地质条件进行选择。 （2）喷浆设备出现故障中断施工。 （3）拔管速度、旋转速度及注浆量适配不当，造成桩身直径大小不均匀，浆液有多有少。	（1）根据设计要求和地质条件，选用不同的喷浆方法和机具。 （2）喷浆前，先进行压浆压气试验，一切正常后方可配浆，准备喷射，保证连续进行配浆时必须用筛过滤。

续表

序号	预控项目	产生原因	预控措施
1	固结体强度不均匀、缩颈	（4）喷射的浆液与切削的土粒强制搅拌不均匀，不充分。 （5）穿过较硬的黏性土，产生颈缩	（3）根据固结体的形状及桩身匀质性，调整喷嘴的旋转速度、提升速度、喷射压力和喷浆量。 （4）对易出现缩颈部位及底部不易检查处进行定位旋转喷射（不提升）或复喷的扩大桩径办法。 （5）控制浆液的水胶比及稠度。 （6）严格要求喷嘴的加工精度、位置、形状、直径等，保证喷浆效果
2	压力上不去	（1）安全阀和管路安接头处密封圈不严而有泄漏现象。 （2）泵阀损坏，油管破裂。 （3）安全阀的安全压力过低，或吸浆管内留有空气或密封圈泄漏。 （4）塞油泵调压过低	应停机检查，经检查后压力自然上升，并以清水进行调压试验，以达到所要求的压力为止
3	压力骤然上升	（1）喷嘴堵塞。 （2）高压管路清洗不干净，浆液沉淀或其他杂物堵塞管路。 （3）泵体或出浆管路堵塞	（1）应停机检查，首先卸压，如喷嘴堵塞将钻杆提升，用铜疏通。 （2）其他情况堵塞应松开接头进行疏通，待堵塞消失后再进行旋喷
4	钻孔沉管困难，偏斜、冒浆	（1）遇有地下埋设物，地面不平不实，钻杆倾斜度超标。 （2）注浆量与实际需要量相差较多。	（1）放桩位点时应钎探，遇有地下埋设物应清除或移动桩钻孔点。 （2）喷射注浆前应先平整场地，钻杆垂直倾斜度应控制在 0.3% 以内。

续表

序号	预控项目	产生原因	预控措施
4	钻孔沉管困难，偏斜、冒浆	（3）地层中有较大空隙不冒浆或冒浆量过大则是因为有效喷射范围与注浆量不相适应，注浆量大大超过旋喷固结所需的浆液所致	（3）用侧口式喷头，减小出浆口孔径，提高喷射能力，使浆液量与实际需要量相当，减少冒浆。 （4）控制水泥浆液配合比。 （5）针对冒浆的现象则采取在浆液中掺加适量的速凝剂，缩短固结时间，使浆液在一定土层范围内凝固，还可在空隙地段增大注浆量，填满空隙后再继续旋喷。 （6）针对冒浆量过大的现象则采取提高喷射压力、适当缩小喷嘴孔径、加快提升和旋转速度
5	固结体顶部下凹	在水泥浆液与土搅拌混合后，由于浆液的析水特性，会产生一定的收缩作用，因而造成在固结体顶部出现凹穴。其深度随土质浆液的析水性、固结体的直径和长度等因素的不同而异	旋喷长度比设计长0.3～1.0m，或在旋喷桩施工完毕，将固结体顶部凿去一部分，在凹穴部位用混凝土填满或直接在旋喷孔中再次注入浆液，或在旋喷注浆完成后，在固体顶部的0.5～1.0m范围内再钻进0.5～1.0m，在原位提杆再注浆复喷一次加强

2.4 技术交底

2.4.1 施工准备

1. 材料要求

（1）水泥：水泥品种应按设计要求选用。宜采用42.5级普通硅酸盐水泥，注浆时可掺用粉煤灰代替部分水泥，掺入量可为水泥重量的 20% ~ 50%，严禁使用过期、受潮结块的水泥，水泥进厂需对产品名称，强度等级、出厂日期等进行外观检查，同时验收合格证，并进行复检。

（2）砂：水泥中掺砂可提高砂浆的固体含量和抗剪强度、减少浆液流失，降低成本。注浆时，应根据地基岩土裂隙，空洞大小，浆液浓度和灌注条件选择砂的粒径。

（3）水：搅拌水泥浆所用的水应符合现行行业标准《混凝土用水标准》JGJ 63 的规定。采用饮用水时，可不检验。采用中水、搅拌站清洗水、施工现场循环水等其他水源时，应对其成分进行检验。

（4）外加剂：外加剂的性能应符合现行国家标准和行业标准一等品及以上的质量要求，其掺量应经试验确定。

2. 施工机具

钻机、搅拌机、空压机、注浆泵、高压喷射注浆机、导向架、测量仪、测量尺、水平尺、测斜仪、密度仪、压力表、流量计等。

3. 作业要求

（1）场地已具备“三通一平”条件，钻机行走范围内场地应平整，无地表障碍物。

（2）已按有关要求铺设各种管线（施工电线，输浆、输水、输气管），开挖储浆池及排浆沟（槽）。

2.4.2 操作工艺

1. 工艺流程

测量放线→钻机就位→钻孔→插管→试喷→高压喷射注浆→拔管→机械清理。

2. 施工要点

（1）测量放线：根据设计的施工图和坐标网点测量放出施工轴线，在施工轴线上确定孔位，编上桩号、孔号、序号，依据基准点进行测量各孔口地面高程。

（2）钻机就位：根据设计的平面坐标位置进行钻机就位，要求将钻头对准孔位中心，同时钻机平面应放置平稳、水平，钻杆角度和设计要求的角度之间的偏差应不大于 1% ~ 1.5%。

（3）钻孔：在预定的旋喷桩位钻孔，以便旋喷杆可以放置到设计要求的地层中，钻孔的设备，可以用普遍的地质钻孔或旋喷钻机。钻孔宜根据地质条件及钻机功能确定钻孔工艺。钻机成孔直径宜为 90 ~ 150mm，钻机定位偏差应不小于 20mm，钻机安放应水平，钻杆垂直度偏差应不小于 1/100。在标准贯入 N 值小于 40 的土层中进行单管和二重管喷射作业时，可采用振动钻机直接将注浆管插入射水成孔。三重管法可采用地质钻机或振动打桩机预先成孔，成孔直径一般为 150 ~ 200mm。孔壁易坍塌时，应下套管。

（4）插管：将注浆管（单管法）、同轴双通道二重注浆管（重管法）、同轴三重注浆管（三重管法）插入钻孔预定深度。在插入注浆管前，先检查高压水与空气喷射情况，各部位密封圈是否封闭，连接接头是否密封良好。当采用旋喷管进行钻孔作业时，钻孔和插管二道工序可合二为一，钻孔达到设计深度时即可开始旋喷，而采用其他钻机钻孔时，应拔出钻杆，再插入旋喷管，在插管过程中，为防止泥砂堵塞喷嘴，可用较小的压力边下管边射水。

（5）试喷：旋喷施工下喷射管前，应进行地面试喷并调准喷射方向和摆动角度。地面试喷经验收合格后，下入喷射管时，应采取措施防止喷嘴堵塞。

（6）高压喷射注浆：喷射作业前应检查喷嘴是否堵塞，输浆（水）、输气管是否存在泄漏等现象，无异常情况后，开始按设计要求进行喷射作业。喷射时应自下而上地进行旋喷作业，旋喷头部边缘或在一定的角度范围内来回摆动上升，旋喷作业系统的各项工艺参数严格按照预先设定的要求加以控制，并随时做好关于旋喷时间，用浆量、冒浆情况，压力变化等的记录。根据设计的桩径或喷射范围的要求，还可以采用复喷的方法扩大加固范围，在第一次喷射完成后，重新将旋喷管插到设计要求复喷位置，进行第二次喷射。

（7）拔管：旋喷管被提升到设计标高顶部时，清孔的喷射注浆即告完成，此时即可拔出旋喷管。

（8）机械清理：拔出旋喷管时应逐节拆下，进行冲洗，以防浆液在管内凝结堵塞。一次下沉的旋喷管可以不必拆卸，直接在喷浆的管路中泵送清水，即可达到清洗的目的。

2.4.3 质量标准

高压喷射注浆质量检验标准应符合下表的规定。

项目	序号	检查项目	允许值或允许偏差		检查方法
			单位	数值	
主控项目	1	水泥用量	不小于设计值		查看流量表
	2	桩长	不小于设计值		测钻杆长度
	3	钻孔垂直度	≤ 1/100		经纬仪测量
	4	桩身强度	不小于设计值		钻芯法

续表

项目	序号	检查项目	允许值或允许偏差		检查方法
			单位	数值	
一般项目	1	水胶比	设计值		实际用水量与水泥等胶凝材料的重量比
	2	提升速度	设计值		测机头上升距离和时间
	3	旋转速度	设计值		现场实测
	4	桩位	mm	±20	全站仪或用钢尺量
	5	桩顶标高	mm	±200	水准测量，最上部500mm浮浆层及劣质桩体不计入
	6	注浆压力	设计值		检查压力表读数
	7	施工间歇	h	≤24	检查施工记录

2.4.4 成品保护

（1）注浆施工完成后，未达到养护龄期28d不得投入使用。

（2）施工过程中应注意保护周围道路、建筑物和地下管线的安全。

2.4.5 安全、环保措施

（1）当采用高压喷射注浆加固既有建筑地基时，应采取速凝浆液或大间距隔孔旋喷和冒浆回灌等措施，以防止旋喷过程中地基产生附加变形和地基与基础之间的脱空现象，影响被加固建筑及邻近建筑的安全。同时应对被加固建筑和周围邻近建筑物进行沉降观测。

（2）施工过程中应对冒浆进行妥善处理，不得在场地内随意排放。可采用泥浆泵将浆液抽至沉淀池中，对浆液中的水与固体颗粒进行沉淀分离，将沉淀的固体运至指定地点。

（3）周边环境有保护要求时可采取速凝浆液、隔孔喷射、冒浆回灌、放慢施工速度或具有排泥装置的全方位高压旋喷技术等措施。高压喷射注浆施工时，邻近施工影响区域不应进行抽水作业。

3

③

泥浆护壁成孔灌注桩施工工艺

3.1 施工工艺流程

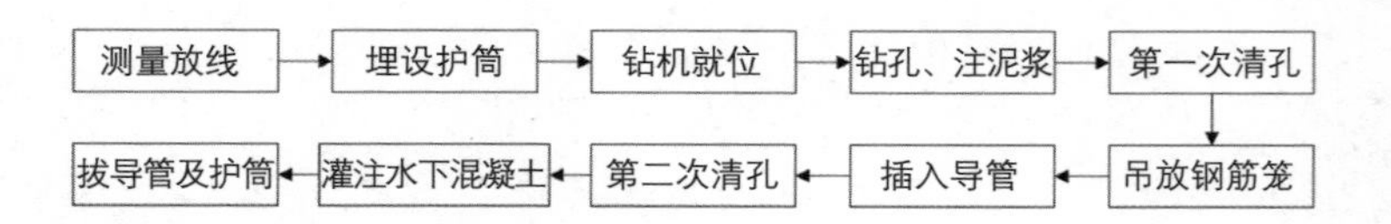

3.2 施工工艺标准图

序号	施工步骤	材料、机具准备	工艺要点	效果展示
1	测量放线	全站仪	要由专业测量人员根据给定的控制点测量桩位，并用标桩标定准确	
2	埋设护筒	全站仪、钢护筒	泥浆护壁成孔时，宜采用孔口护筒，护筒埋设应准确、稳定，护筒中心与桩位中心的偏差不得大于 50mm；护筒可用 4 ～ 8mm 厚钢板制作，其内径应大于钻头直径 100mm，上部宜开设 1 ～ 2 个溢浆孔	
3	钻机就位	回转钻机	钻机就位前，应先平整场地，必要时铺设枕木，并用水平尺校正钻机旋转台盘的水平度，保证钻机平稳、牢固，从而实现对钻机导杆进行垂直度校正和控制的目的	

续表

序号	施工步骤	材料、机具准备	工艺要点	效果展示
4	钻孔、注泥浆	回转钻机、泥浆泵	泥浆制备选用高塑性黏土或膨润土。钻进前调直机架挺杆，对好桩位（用对位圈），开动机器钻进、出土，达到一定深度（视土质和地下水情况）停钻，孔内注入事先调制好的泥浆，然后继续钻进。当钻至持力层后，应按设计要求继续钻进，钻进深度作为嵌固深度	
5	第一次清孔	回转钻机、泥浆泵、测绳	桩孔钻进至设计深度终孔后，逐节拔出钻杆和钻头进行清孔。直至孔内沉渣厚度和泥浆比重符合要求	
6	吊放钢筋笼	回转钻机、履带式起重机、焊机	钢筋笼吊放前应在顶部至少设置两根吊筋，重要的大直径桩基钢筋笼还应再设置两根定位钢筋，并在钢筋笼上绑好砂浆垫块，吊放时要对准孔位，吊直扶稳，缓慢下沉，钢筋笼放到设计位置时，应立即固定吊筋和定位钢筋，防止下坠	
7	插入导管	导管、下料斗	导管直径宜为200 ~ 250mm，壁厚不小于3mm，分节长度视工艺要求而定，一般有2.0 ~ 2.5m，导管与钢筋间距应大于100mm	

续表

序号	施工步骤	材料、机具准备	工艺要点	效果展示
8	第二次清孔	回转钻机、泥浆泵、测绳	在安放钢筋笼后、灌注混凝土前需进行二次清孔，当孔底500mm以内的泥浆比重小于1.20，含砂率≤8%，黏度≤28s，孔底沉渣厚度满足要求（端承桩≤50mm，摩擦端承、端承摩擦桩≤100mm，摩擦桩≤150mm），方可灌注混凝土	
9	灌注水下混凝土	导管、下料斗、商品混凝土、插入式振捣器、卸料槽	灌注混凝土时，导管管底至孔底的距离宜为300～500mm，并使导管一次埋入混凝土面下0.8m以上，在以后的浇筑中，导管埋深宜为2～6m且保证每次拔管后导管埋入混凝土浇灌面≥2m。桩顶超灌注高度应满足设计要求，当设计无具体要求时宜为0.8～1.0m	

3.3 控制措施

序号	预控项目	产生原因	预控措施
1	桩位偏差过大	（1）单桩桩位放样的测量误差。 （2）桩基施工过程中的机械扰动导致桩位标志偏移	（1）每次桩位放样不得少于4个桩位，桩位放样后及时检查各桩位间距离及对角线距离。 （2）用全站仪放出灌注桩桩位中心后，在桩点打木桩标记，木桩入土深度不得小于30cm，同时为了防止施工过程中的机械扰动，在桩位点四周设置护桩点

续表

序号	预控项目	产生原因	预控措施
2	钻进困难或蹩钻，并使钻头因超负荷而损坏	现场局部地区地质条件复杂，地下障碍物较多	钻机操作应采用低档慢速，缓慢钻进。如遇地质条件限制，反循环钻进工艺无法施工时，可采用旋挖钻施工成孔工艺
3	塌孔	（1）泥浆比重不够或性能指标不符合要求，孔壁未形成坚实泥皮。 （2）孔内水头高度不够，静水压力远远低于土压力。 （3）清孔时间过久或清孔后停顿时间过长	（1）选用体积质量较大的泥浆，用胶体率高的黏土造浆或加入外加剂。 （2）确保钻孔内的水头高度，及时补充泥浆，保持泥浆液面高于地下水位 0.5m 以上，以保证孔内泥浆压力。 （3）待灌时间一般不应大于 3h，并控制混凝土的灌注时间，在保证施工质量的情况下，尽量缩短灌注时间
4	断桩	（1）导管埋深太浅。 （2）混凝土浇筑过程中导管拔出混凝土面	水下混凝土灌注作业要连续紧凑，中途不得中断，要保证导管在混凝土中埋深在 3 ~ 6m，最小埋入深度不得小于 2m。灌注过程中设专职专人经常测试导管埋入深度，并做好记录。拆管后导管要埋入混凝土面以下 2.0m 左右，浇筑混凝土要连续进行，当混凝土面接近设计标高时，可采用探锤进行触深测量，来确定最后混凝土用量

3.4 技术交底

3.4.1 施工准备

1. 材料要求

（1）钢筋：满足设计要求，应有出厂质量证明资料。

（2）混凝土：满足设计要求，应采用商品混凝土。

（3）高塑性黏土、膨润土：满足设计要求。

2. 主要机具

主要机械有回转钻机，钻架，钻头（常用三翼或四翼式钻头、牙轮合金钻头，或钢粒钻头），钢筋加工机械（钢筋切断机、钢筋弯曲机、直螺纹滚压机等）等。配套机具有卷扬机、泥浆泵，或离心式水泵、空气压缩机、插入式振捣器、机动翻斗车、钢筋加工设备、混凝土灌注台架、下料斗、卸料槽、导管、预制混凝土塞、经纬仪、水准仪等。

3. 作业条件

（1）施工场地范围内的地面、地下障碍物均已排除或处理。

（2）施工现场已完成“三通一平”，场地承载力满足桩机行走和稳定的要求。为了节省钢材，建议使用中国建筑第八工程局有限公司发明的利用土工格栅代替钢筋网的临时道路专利技术（专利申请号：2015200088205）。

3.4.2 操作工艺

1. 工艺流程

测量放线→埋设护筒→钻机就位→钻孔、注泥浆→第一次清孔→吊放钢筋笼→插入导管→第二次清孔→灌注水下混凝土→拔导管及护筒。

2. 施工要点

（1）测量放线：要由专业测量人员根据给定的控制点测量桩位，并用标桩标定准确。

（2）埋设护筒：泥浆护壁成孔时，宜采用孔口护筒，护筒设置应符合下列规定：护筒埋设应准确、稳定，护筒中心与桩位中心的偏差不得大于 50mm；护筒可用 4 ~ 8mm 厚钢板制作，其内径应大于钻头直径 100mm，上部宜开设 1 ~ 2 个溢浆孔，护筒埋深在黏土中不宜小于 1.0m，砂土中不宜小于 1.5m，受水位涨落影响或水下施工的钻孔灌注桩，护筒应加高加深，必要时应打入不透水层，护筒上部宜开设 1 ~ 2 个溢流孔，同时连接挖好的泥浆池、排浆槽。

（3）钻机就位：钻机就位前，应先平整场地，必要时铺设枕木，并用水平尺校正钻机旋转台盘的水平度，保证钻机平稳、牢固，从而实现对钻机导杆进行垂直度校正和控制的目的。

（4）钻孔、注泥浆：泥浆制备应选用高塑性黏土或膨润土。泥浆应根据施工机械、工艺及穿越土层情况进行配合比设计，泥浆比重：1.1 ~ 1.15，黏度：10 ~ 25s，含砂率：< 6%，胶体率：> 95%，pH：7 ~ 9。钻进前调直机架挺杆，对好桩位（用对位圈），开动机器钻进、出土，达到一定深度（视土质和地下水情况）停钻，孔内注入事先调制好的泥浆，然后继续钻进。继续钻进时防止表层土受振动坍塌，钻孔时不要让泥浆水位下降，当钻至持力层后，应按设计要求继续钻进，钻进深度作为嵌固深度。

（5）第一次清孔：桩孔钻进至设计深度终孔后，逐节拔出钻杆和钻头进行清孔。如泥浆中无大颗粒土渣时可采用置换泥浆法清孔；如泥浆中含有较大颗粒的砂石，应采用反循环清孔，孔深 50m 以内的桩可采用泵吸反循环工艺；孔深 50m 以上的桩应采用气举反循环工艺，气举反循环清孔可将 30mm 左右的石子排出。

（6）吊放钢筋笼：钢筋笼吊放前应在顶部至少设置两根吊筋，重要的大直径桩基钢筋笼还应再设置 2 根定位钢筋（吊筋和定位钢筋应写入施工方案中），并在钢筋笼上绑好砂浆垫块，吊放时要对准孔位，吊直扶稳，缓慢下沉，钢筋笼放到设计位置时，应立即固定吊筋和定位钢筋，防止下坠。

（7）插入导管：导管直径宜为 200 ~ 250mm，壁厚不小于 3mm，分节长度视工艺要求而定，一般有 2.0 ~ 2.5m，导管与钢筋间距应大于 100mm。

（8）第二次清孔：在安放钢筋笼后、灌注混凝土前需进行二次清孔，当孔底 500mm 以内的泥浆比重小于 1.20，含砂率 ≤ 8%，黏度 ≤ 28s，孔底沉渣厚度满足要求（端承桩 ≤ 50mm，摩擦端承、端承摩擦桩 ≤ 100mm，摩擦桩 ≤ 150mm），方可灌注混凝土。

（9）灌注水下混凝土：灌注混凝土时，导管管底至孔底的距离宜为 300 ~ 500mm，并使导管一次埋入混凝土面下 0.8m 以上，在以后的浇筑中，导管埋深宜为 2 ~ 6m 且保证每次拔管后导管埋入混凝土浇灌面 ≥ 2m。桩顶超灌注高度应满足设计要求，当设计无具体要求时宜为 0.8 ~ 1.0m，保证开挖并在凿除浮浆层后桩顶混凝土能够满足设计要求。

3.4.3 质量标准

泥浆护壁成孔灌注桩质量检验标准应符合下表的规定。

<table>
<tr><th rowspan="2">项目</th><th rowspan="2">序号</th><th rowspan="2" colspan="2">检查项目</th><th colspan="2">允许偏差或允许值</th><th rowspan="2">检查方法</th></tr>
<tr><th>单位</th><th>数值</th></tr>
<tr><td rowspan="5">主控项目</td><td>1</td><td colspan="2">承载力</td><td colspan="2">不小于设计值</td><td>静载试验</td></tr>
<tr><td>2</td><td colspan="2">孔深</td><td colspan="2">不小于设计值</td><td>用测绳或井径仪测量</td></tr>
<tr><td>3</td><td colspan="2">桩身完整性</td><td colspan="2">—</td><td>声波透射法</td></tr>
<tr><td>4</td><td colspan="2">混凝土强度</td><td colspan="2">不小于设计值</td><td>28d 试块强度</td></tr>
<tr><td>5</td><td colspan="2">嵌岩深度</td><td colspan="2">不小于设计值</td><td>取岩样或超前钻孔取样</td></tr>
<tr><td rowspan="12">一般项目</td><td>1</td><td colspan="2">垂直度</td><td colspan="2">详见下表 ≤ 1/100</td><td>用超声波或井径仪测量</td></tr>
<tr><td>2</td><td colspan="2">孔径</td><td colspan="2">详见下表 $D \geq 0$</td><td>用超声波或井径仪测量</td></tr>
<tr><td>3</td><td colspan="2">桩位</td><td colspan="2">$D < 1000$mm，
≤ 70+0.01H（mm）
详见下表
$D \geq 1000$mm，
≤ 100+0.01H(mm）</td><td>全站仪或用钢尺量开挖前量护筒，开挖后量桩中心</td></tr>
<tr><td rowspan="3">4</td><td rowspan="3">泥浆指标</td><td>比重（黏土或砂性土中）</td><td colspan="2">1.10 ~ 1.25</td><td rowspan="3">用比重计测，清孔后在距孔底 500mm 处取样</td></tr>
<tr><td>含砂率</td><td>%</td><td>≤ 8</td></tr>
<tr><td>黏度</td><td>s</td><td>18 ~ 28</td></tr>
<tr><td>5</td><td colspan="2">泥浆面标高（高于地下水位）</td><td>m</td><td>0.5 ~ 1.0</td><td>目测法</td></tr>
<tr><td rowspan="5">6</td><td rowspan="5">钢筋笼质量</td><td>主筋间距</td><td>mm</td><td>± 10</td><td>用钢尺量</td></tr>
<tr><td>长度</td><td>mm</td><td>± 100</td><td>用钢尺量</td></tr>
<tr><td>钢筋材质检验</td><td colspan="2">设计要求</td><td>抽样送检</td></tr>
<tr><td>箍筋间距</td><td>mm</td><td>± 20</td><td>用钢尺量</td></tr>
<tr><td>笼直径</td><td>mm</td><td>± 10</td><td>用钢尺量</td></tr>
</table>

续表

<table>
<tr><th rowspan="2">项目</th><th rowspan="2">序号</th><th rowspan="2" colspan="2">检查项目</th><th colspan="2">允许偏差或允许值</th><th rowspan="2">检查方法</th></tr>
<tr><th>单位</th><th>数值</th></tr>
<tr><td rowspan="11">一般项目</td><td rowspan="2">7</td><td rowspan="2">沉渣厚度</td><td>端承桩</td><td>mm</td><td>≤ 50</td><td rowspan="2">用沉渣仪或重锤测</td></tr>
<tr><td>摩擦桩</td><td>mm</td><td>≤ 150</td></tr>
<tr><td>8</td><td colspan="2">混凝土坍落度</td><td>mm</td><td>180 ~ 220</td><td>坍落度仪</td></tr>
<tr><td>9</td><td colspan="2">钢筋笼安装深度</td><td>mm</td><td>+100
0</td><td>用钢尺量</td></tr>
<tr><td>10</td><td colspan="2">混凝土充盈系数</td><td colspan="2">≥ 1.0</td><td>实际灌注量与计算灌注量的比</td></tr>
<tr><td>11</td><td colspan="2">桩顶标高</td><td>mm</td><td>+30
−50</td><td>水准测量，需扣除桩顶浮浆层及劣质桩体</td></tr>
<tr><td rowspan="3">12</td><td rowspan="3">后注浆</td><td rowspan="2">注浆终止条件</td><td colspan="2">注浆量不小于设计要求</td><td>查看流量表</td></tr>
<tr><td colspan="2">注浆量不小于设计要求 80%，且注浆压力达到设计值</td><td>查看流量表，检查压力表读数</td></tr>
<tr><td>水胶比</td><td colspan="2">设计值</td><td>实际用水量与水泥等胶凝材料的重量比</td></tr>
<tr><td rowspan="2">13</td><td rowspan="2">扩底桩</td><td>扩底直径</td><td colspan="2">不小于设计值</td><td rowspan="2">井径仪测量</td></tr>
<tr><td>扩底高度</td><td colspan="2">不小于设计值</td></tr>
</table>

注：1. H 为桩基施工面至设计桩顶的距离（mm），下同；
2. D 为设计桩径（mm），下同。

灌注桩的桩径、垂直度及桩位允许偏差标准应符合下表的规定。

<table>
<tr><th colspan="2">成孔方法</th><th>桩径允许偏差（mm）</th><th>垂直度允许偏差</th><th>桩位允许偏差（mm）</th></tr>
<tr><td rowspan="2">泥浆护壁钻孔桩</td><td>$D < 1000$mm</td><td rowspan="2">≥ 0</td><td rowspan="2">≤ 1/100</td><td>≤ 70+0.01H</td></tr>
<tr><td>$D \geq 1000$mm</td><td>≤ 100+0.01H</td></tr>
</table>

3.4.4 成品保护

（1）钢筋笼制作、运输和安装过程中，应采取诸如设置加固内箍等防止变形措施。放入桩孔时，应绑好保护层垫块或垫板。钢筋笼吊入桩孔时，应防止碰撞孔壁。

（2）安装和移动钻机、运输钢筋笼以及浇灌混凝土时，均应注意保护好现场的轴线控制桩和水准基准点。

（3）桩距小于 3.5d（d 为桩径）的挤土（或部分挤土）灌注桩应采取跳打法施工，以防对刚成孔或浇筑完的邻桩质量造成影响。

（4）在开挖基础土方时，应注意保护好桩头，防止挖土机械碰撞桩头，造成断桩或倾斜。桩头预留的钢筋，应妥善保护，不得任意弯折或压断。

3.4.5 安全、环保措施

泥浆护壁成孔灌注桩施工除了满足基本规定和一般规定的安全环保要求外还应满足以下几点：

（1）成孔机械操作时应安放平稳，防止成孔作业时突然倾倒，造成人员伤亡或机械损坏。

（2）桩机行进过程中应采取防倾覆措施。

（3）应根据设备情况、地质条件和孔内情况变化，认真控制泥浆密度、孔内泥浆高度、护筒埋设深度、钻机垂直度、钻进和提钻速度等，以防塌孔，造成机具塌陷事故。

（4）灌注桩成孔后，应用盖板封严或设置防护栏杆，以免掉土或发生人身安全事故。

（5）拆卸导管时，其上空不得进行其他作业，导管提升后继续浇灌混凝土前，应检查其是否垫稳或挂牢。

（6）后注浆时，浆液应过滤，高压泵应有安全装置，当超过允许泵压时，能自动停止。

（7）注浆人员应佩戴眼镜、手套等防护用品。注浆结束时，应坚持泵压回零，才能拆卸管路和接头，以防浆液喷射伤人。

（8）现场泥浆应有组织地排放至泥浆池或沉淀池内，泥浆外运应使用封闭罐车，运到指定地点排放，以免造成环境污染。

4

④ 静压预制桩施工工艺

4.1 施工工艺流程

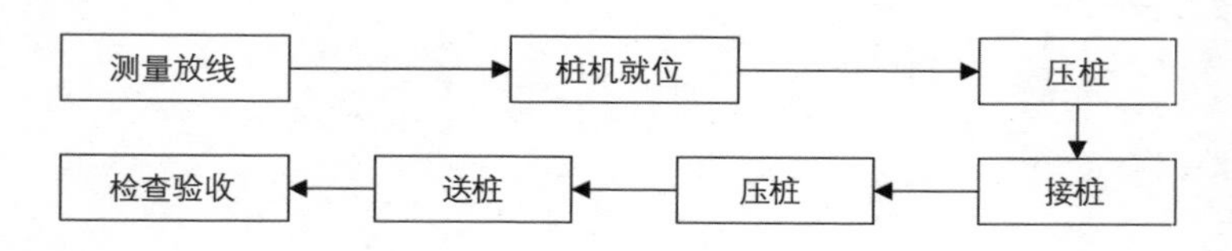

4.2 施工工艺标准图

序号	施工步骤	材料、机具准备	工艺要点	效果展示
1	测量放线	全站仪	压桩前，按设计要求进行桩定位放线，确定桩位并做好标志	
2	桩机就位	静压桩机、线锤	压桩机就位时，应垂直平稳地架设在压桩部位	
3	压桩	静压桩机、预制桩	起吊预制桩一般利用桩架上吊索与卷扬机进行。起吊时吊点应正确，起吊速度应缓慢均匀。桩插入土中位置应准确，垂直度偏差不得超过0.5%。压桩时利用夹紧器的浮顶增力原理，夹紧工程桩，用压桩油泵的压力将桩压入地下，每次压桩行程为2m。当压完第一行程后放松夹紧器装置，用压桩油缸提起夹紧器，当夹紧器到位后，再次夹紧压桩，如此循环	

续表

序号	施工步骤	材料、机具准备	工艺要点	效果展示
4	接桩	静压桩机、预制桩、焊机、电焊条、焊丝、硫磺胶泥	混凝土预制长桩，由于受运输条件和桩架高度的限制，一般分成数节制作，分节压入，在压桩过程中进行接桩的单节长度应根据设备条件和施工工艺确定，当桩贯穿的土层中夹有薄层砂土时，确定单节桩的长度时应避免桩端停在砂土层中进行接桩，当下一节桩压到露出地面 0.8 ~ 1.0m 时，便可接上一节桩。常用的接桩方式有焊接、法兰连接及硫磺胶泥锚接几种	
5	压桩	静压桩机、预制桩	起吊预制桩一般利用桩架上吊索与卷扬机进行。起吊时吊点应正确，起吊速度应缓慢均匀。桩插入土中位置应准确，垂直度偏差不得超过 0.5%。压桩时利用夹紧器的浮顶增力原理，夹紧工程桩，用压桩油泵的压力将桩压入地下，每次压桩行程为 2m。当压完第一行程后放松夹紧器装置，用压桩油缸提起夹紧器，当夹紧器到位后，再次夹紧压桩，如此循环	
6	送桩	静压桩机、预制桩、送桩器	当桩顶标高较低，须送桩入土时，应用钢制送桩器放于桩头上，压送桩器将桩送入土中直至设计标高	
7	检查验收	—	每根桩达到贯入度要求，桩尖标高进入持力层或接近设计标高时，或桩顶压至设计标高时进行验收，符合设计要求后，填好施工记录	

4.3 控制措施

序号	预控项目	产生原因	预控措施
1	沉桩困难，达不到设计标高	（1）压桩中途停歇过长。 （2）桩身强度不足，沉桩过程中桩顶、桩身或桩尖破损，被迫停压。 （3）桩就位插入倾斜过大，引起沉桩困难。 （4）桩的接头较多且焊接质量不好或桩端停在硬夹层中进行接桩	（1）一根桩应连续压入，严禁中途停歇。 （2）严把制桩各个环节质量关，加强进场桩的质量验收，保证桩的质量满足设计要求。 （3）桩就位插入时如倾斜过大应将桩拔出，待清除障碍物后再重新插入。 （4）合理选择桩的搭配，避免在砂质粉土、砂土等硬土层中焊接桩，采用 3 ~ 4 台焊机同时对称焊接，缩短焊接时间，使桩快速连续压入
2	桩偏移或倾斜过大	（1）送桩杆、压头、桩不在同一轴线上，或桩顶不平整所造成的施工偏压。 （2）压桩顺序不合理，后压的桩挤先压的桩	（1）施工时应确保送桩杆、压头、桩在同一轴线上，并在沉桩过程中随时校验和调正。 （2）制定合理的压桩顺序，尽量采取“走长线”压桩，给超孔隙水压力消散提供尽量长的时间，避免其累积叠加，减小挤土影响
3	桩达到设计标高或深度，但桩的承载能力不足	（1）设计桩端持力层面起伏较大。 （2）地质勘察资料不详细，造成设计桩长不足，桩尖未能进入持力层足够的深度	（1）当知道桩端持力层面起伏较大时，应对其分区并且采用不同的桩长。压桩施工时除标高控制外，也应控制最终压入力。 （2）当压桩时发现某个区域最终压桩力明显比其他区域偏低时，应进行补勘以查清是否存在古河道切割区等不良地质现象。针对特殊情况应及时和设计单位联系，变更设计来满足设计承载力

4.4 技术交底

4.4.1 施工准备

1. 材料要求

（1）钢筋混凝土预制桩：满足设计要求，应有出厂合格证。

（2）硫磺胶泥：硫磺胶泥配合比应通过试验确定。

（3）接桩用的角钢、电焊条、焊丝：满足设计要求。

2. 主要机具

静力压桩机、经纬仪、水准仪等。

3. 作业条件

（1）已排除桩基范围内的高空、地面和地下障碍物。

（2）施工现场已完成“三通一平”，场地承载力满足桩机行走和稳定的要求。

4.4.2 操作工艺

1. 工艺流程

测量放线→桩机就位→压桩→接桩→压桩→送桩→检查验收。

2. 施工要点

（1）测量放线：压桩前，按设计要求进行桩定位放线，确定桩位并做好标志。

（2）桩机就位：压桩机就位时，应垂直平稳地架设在压桩部位。

（3）压桩：起吊预制桩一般利用桩架上吊索与卷扬机进行。起吊时吊点应正确，起吊速度应缓慢均匀。桩插入土中位置应准确，垂直度偏差不得超过 0.5%。压桩时利用夹紧器的浮顶增力原理，夹紧工程桩，用压桩油泵的压力将桩压入地下，每次压桩行程为 2m。当压完第一行程后放松夹紧器装置，用压桩油缸提起夹紧器，当夹紧器到位后，再次夹紧压桩，如此循环。压桩时应根据压力表换算成压力值控制压桩力大小，利用水准气泡调整压桩机械水平从而控制桩身垂直度。压预制桩应按照 Z 形或 S 形由内向外循环施工。

（4）接桩：常用的接桩方式有焊接、法兰连接及硫磺胶泥锚接 3 种。焊接和法兰连接接桩可用于各类土层；硫磺胶泥锚接适用于软土层。焊接接桩，钢板宜用低碳钢，焊接时应先将四角点焊固定，然后对称焊接，并确保焊缝质量和设计尺寸，重要工程应对电焊接桩的接头做 10% 的探伤检查，焊接部位冷却后方可继续压预制桩；法兰接桩，钢板和螺栓也宜用低碳钢并坚固牢靠；硫磺胶泥锚接接桩，使用的硫磺胶泥配合比应通过试验确定，硫磺胶泥锚接方法是将熔化的硫磺胶泥注满锚筋孔内并溢出桩面，然后迅速将上段桩对准落下，胶泥冷硬后，即可继续施打，比前几种接头形式接桩简便快速。

（5）送桩：当桩顶标高较低，须送桩入土时，应用钢制送桩器放于桩头上，压送桩器将桩送入土中直至设计标高。

（6）检查验收：每根桩达到贯入度要求，桩尖标高进入持力层或接近设计标高时或桩顶压至设计标高时进行验收，符合设计要求后，填好施工记录。如发现桩位与要求相差较大时，要会同有关单位研究处理。施工结束后，应做承载力检验及桩体质量检验。

4.4.3 质量标准

静压预制桩质量检验标准应符合下表的规定。

项目	序号	检查项目	允许偏差或允许值		检查方法
			单位	数值	
主控项目	1	承载力	不小于设计值		静载试验、高应变法等
	2	桩身完整性	—		低应变法

续表

项目	序号	检查项目		允许偏差或允许值		检查方法
				单位	数值	
一般项目	1	成品桩质量		表面平整、颜色均匀，掉角深度 < 10mm，蜂窝面积小于总面积 0.5%		查产品合格证
	2	桩位		详见下表		全站仪或用钢尺量
	3	电焊条质量		设计要求		查产品合格证
	4	接桩	接桩：焊缝质量	详见建筑地基基础工程施工质量验收标准		—
			电焊结束后停歇时间	min	≥ 6（3）	用表计时
			上下节平面偏差	mm	≤ 10	用钢尺量
			节点弯曲矢高	同桩体弯曲要求		用钢尺量
	5	终压标准		设计要求		现场实测或查沉桩记录
	6	桩顶标高		mm	± 50	水准测量
	7	垂直度		≤ 1/100		经纬仪测量
	8	混凝土灌芯		设计要求		查灌注量

预制桩的桩位允许偏差应符合下表的规定。

序号	检查项目		允许偏差（mm）
1	带有基础梁的桩	垂直基础梁的中心线	≤ 100+0.01H
		沿基础梁的中心线	≤ 150+0.01H
2	承台桩	桩数为 1 ～ 3 根桩基中的桩	≤ 100+0.01H
		桩数大于或等于 4 根桩基中的桩	≤ 1/2 桩径 +0.01H 或 1/2 边长 +0.01H

4.4.4 成品保护

（1）桩起吊时应采取相应的措施，保持平稳，保护桩身质量。

（2）水平运输时，应做到桩身平稳放置，无大的振动，严禁在场地上直接拖拉桩体。

（3）桩的堆放场地应平整、坚实，垫木与吊点应保持在同一横断面平面上，且各层垫木应上下对齐，叠放层数不宜超过四层。

（4）妥善保护桩基的轴线桩和水平基点桩，不得受到碰撞和扰动而造成位移。

（5）在软土地基中沉桩完毕，基坑开挖应制定合理的开挖顺序和采取一定的技术措施，防止桩倾斜或位移。

（6）在剔除高出设计标高的桩顶混凝土时，应自上而下进行，不得横向剔凿，以免桩受水平力冲击而受到破坏、松动或产生挤土效应引起周边建（构）筑物设施被破坏。为了避免产生挤土效应可按照中国建筑第八工程局有限公司企业标准《封闭式静压桩施工工法》进行施工。

4.4.5 安全、环保措施

（1）登上桩机高空作业时，应有防护措施，工具、零件严禁下抛。

（2）硫磺胶泥的原料及制品在运输、储存和使用过程中应注意防火，熬制胶泥时，操作人员应穿戴防护用品，熬制场地应通风良好，胶泥浇筑后，上节柱应缓缓下放。

（3）定期检查钢丝绳的磨损情况和其他易损部件，如发现问题及时更换。

（4）桩机行进过程中应采取防倾覆措施。

（5）压桩后的地面桩孔应及时回填或覆盖，防止人员不慎落入。

5

⑤

地下连续墙施工工艺

5.1 施工工艺流程

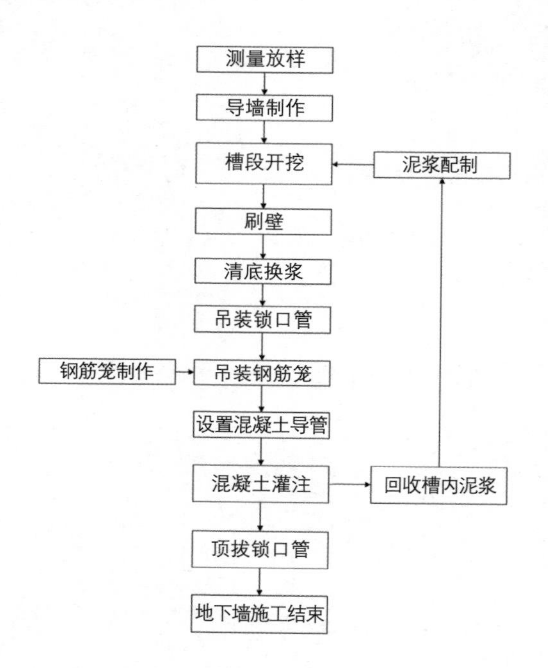

5.2 施工工艺标准图

序号	施工步骤	材料、机具准备	工艺要点	效果展示
1	测量放样	全站仪、白石灰	根据业主提供的测量基点、导线点及水准点，在施工场地内布设施工测量控制点和水准点，经监理单位验收无误后，对地下连续墙中心线进行定位放样。施工过程中每 15 天对控制点桩位进行复测	

续表

序号	施工步骤	材料、机具准备	工艺要点	效果展示
2	导墙制作	挖掘机、铁锨、白石灰	（1）测量放样：根据地下连续墙轴线定出导墙挖土位置。 （2）挖土：测量放样后，撒白灰线，采用机械挖土和人工修整相结合的方法开挖导墙。挖土标高由人工修整控制。 （3）立模及浇筑混凝土：绑扎钢筋之前，再次采用全站仪放样出导墙中线桩位，而后再绑扎钢筋、立模。 （4）拆模及加撑：混凝土达到一定强度后可以拆模，同时在内墙上面分层支撑，防止导墙向内挤压。 （5）回填土：导墙拆完模并加撑后，在导墙背后分层回填黏性土并压实。 （6）施工缝：导墙施工缝处应凿毛，增加钢筋插筋，使导墙成为整体，达到不渗水的目的。 （7）导墙养护：导墙制作好后自然养护到70%设计强度以上，进行成槽作业。 （8）导墙分幅：导墙施工结束后，立即在导墙顶面上画出分幅线，用红漆标明单元槽段的编号	导墙剖面示意图 导墙分幅和编号示意图 导墙制作
3	泥浆配制	泥浆池、泥浆泵	护壁泥浆在使用前，应进行室内性能试验，施工过程中根据监控数据及时调整泥浆指标。不符合灌注水下混凝土泥浆指标要求的应作为废弃泥浆处理	—

续表

序号	施工步骤	材料、机具准备	工艺要点	效果展示
4	槽段开挖	成槽机	（1）槽段划分：根据设计图纸将地下连续墙分幅，幅长按设计布置（局部，特别是转角幅有修改）。 （2）槽段放样：根据设计图纸和建设单位提供的控制点、水准点及施工总部署，导墙上精确定位出地下连续墙标记。 （3）槽段开挖：每一抓开挖20m深度，即采用超声波侧壁仪检测槽孔前后左右四个方向的垂直度，不满足要求则停止掘进，立即纠偏，纠偏完成后，方可再向下挖	 槽段放样  槽段开挖
5	刷壁	刷壁器	成槽结束后，应对相邻槽段端口全断面进行清刷除泥，确保接头无夹泥。 刷壁应彻底，刷壁器上无泥后再刷2～3次。闭合幅施工时，需另外增加刷壁次数	
6	清底换浆	成槽机	在刷壁过程中，槽段同时也在进行自然沉淀，待刷壁结束后开始液压抓斗清底工作，直至感觉测锤碰实，表明槽底沉渣清理到位。钢筋笼下放之后，再次采用测锤对槽底沉渣进行检测，若槽底沉渣超出10cm，则采用正循环输送新浆入槽清底，控制槽底沉渣小于10cm，方可进行混凝土浇筑	
7	吊装锁口管	履带式起重机	锁口管分段起吊入槽，在槽口逐段拼接成设计长度后，下放到槽底	

续表

序号	施工步骤	材料、机具准备	工艺要点	效果展示
8	钢筋笼制作	钢筋切断机、钢筋弯曲机、直螺纹滚压机等	钢筋笼加工时纵向钢筋采用直螺纹连接，横向钢筋与纵向钢筋连接采用点焊，桁架筋采用单面焊，长度不小于 10d，接头位置要相互错开，同一连接区段内焊接接头百分率不得大于 50%。 纵横向桁架筋相交处需点焊，钢筋笼四周 0.5m 范围内交点需全部点焊，搭接错位及接头检验应满足钢筋混凝土规范要求	
9	吊装钢筋笼	汽车式起重机	（1）钢筋笼吊离地面 0.3 ~ 0.5m 时，需静停 10min，此时应密切注意吊点、钢筋笼及加固点有无变化，若存在安全隐患应立即将钢筋笼放置地面，重新加固报验。 （2）主吊吊钩提起，副吊提离地面 50cm 向主吊缓慢移动。 （3）主吊继续提升，副吊保持离地距离向主吊缓慢移动，在钢筋笼起吊过程中，必须保证副吊钢丝绳的垂直，不得产生水平力。 （4）钢筋笼达到垂直状态后，静停 5min，待钢筋笼完全静止后，指挥司索工卸除副吊扁担，然后远离起吊作业范围。主吊单独承重缓慢移动运送到地下连续墙槽孔，钢筋笼在下放过程中拆除副吊钢丝绳	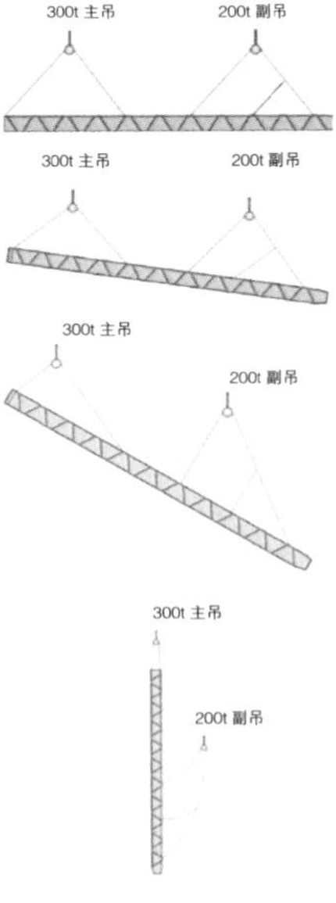 300t 主吊 200t 副吊 300t 主吊 200t 副吊 300t 主吊 200t 副吊 300t 主吊 200t 副吊

续表

序号	施工步骤	材料、机具准备	工艺要点	效果展示
9	吊装钢筋笼	汽车式起重机	（5）副吊钢丝绳拆除后，主吊单独下放钢筋笼，放至笼中部时，采用担杠固定钢筋笼，将主吊下部吊点处钢丝绳换到顶部吊环预留的钢丝绳后，拿掉担杠继续下放。 （6）当钢筋笼下放至距笼顶1m处，用担杠担住钢筋笼，将卸扣换至吊筋，继续下放，直至到设计标高	300t 主吊 300t 主吊 导墙
10	混凝土灌注	搅拌车	（1）导管宜采用直径为200 ~ 300mm的多节钢管，管节连接应密封、牢固，施工前应试拼并进行水密性试验。 （2）导管水平布置距离不应大于3m，距槽段两侧端部不应大于1.5m。导管下端距离槽底宜为300 ~ 500mm。导管内应放置隔水栓。 （3）浇筑水下混凝土应符合下列规定： ①钢筋笼吊放就位后应及时灌注混凝土，间隔不宜超过4h。 ②混凝土初灌后，混凝土中导管埋深应大于500mm。 ③混凝土浇筑应均匀连续，间隔时间不宜超过30min。	

续表

序号	施工步骤	材料、机具准备	工艺要点	效果展示
10	混凝土灌注	搅拌车	④槽内混凝土面上升速度不宜小于3m/h，同时不宜大于5m/h。导管混凝土埋入混凝土深度应为2～4m，相邻两导管间混凝土高差应小于0.5m。 ⑤混凝土浇筑面宜高出设计标高300～500mm，凿去浮浆后的墙顶标高和墙体混凝土强度应满足设计要求。 （4）墙顶落低3m以上的地下连续墙，墙顶设计标高以上宜采用低强度等级混凝土或水泥砂浆隔幅填充，其余槽段采用砂土填实	
11	顶拔锁口管	液压顶管机、履带式起重机	（1）锁口管吊装就位后，随着安装液压顶管机。 （2）为了减小锁口管开始顶拔时的阻力，可在混凝土开浇以后4h或混凝土面上升到15m左右时，启动液压顶管机顶动锁口管。 （3）正式开始顶拔锁口管的时间，应以最后浇灌混凝土时（最后1～2车）做的混凝土试块达到终凝状态所经历的时间为依据，如没做试块，开始顶拔锁口管应在开始浇灌混凝土4h以后，如商品混凝土掺加过缓凝型减水剂，开始顶拔锁口管时间还需延迟。 （4）在顶拔锁口管过程中，要根据现场混凝土浇灌记录表，计算接头管允许顶拔的高度，严禁早拔、多拔。 （5）锁口管由液压顶管机顶拔，履带式起重机协同作业，分段拆卸	

5.3 控制措施

序号	预控项目	产生原因	预控措施
1	导墙变形破坏	（1）导墙没有足够的强度、刚度和良好的整体性，抵挡不住侧向土压力。 （2）开挖导墙沟槽后，下道工序不连续，导墙沟槽长时间浸水。 （3）导墙的跟脚筑在松散的杂填土层中。 （4）导墙沟槽未设置支撑。 （5）作用在导墙荷载过大。 （6）槽壁发生严重坍塌，坍塌范围波及地面	（1）设计导墙时，要考虑到各种要素，保证导墙有足够的强度、刚度和良好的整体性。导墙分段施工时，预留水平钢筋与后施工的导墙水平钢筋相连接。 （2）导墙施工要连续进行，自开挖导墙沟开始到混凝土浇筑完毕，要始终保持导墙内不积水。 （3）导墙的跟脚不能筑在松散的杂填土层中，应插入未经扰动的原状土层中 20cm 以上。 （4）导墙混凝土浇筑过程中，拆除内模板以后，应在导墙沟内设置上下两道、间距 1.5m 的对撑，防止导墙在受到附加荷载时破坏变形。 （5）禁止重型机械从尚未筑成地下墙的导墙上行驶。 （6）在挖槽过程中，要防止挖槽机碰撞导墙，禁止挖槽机、起重机等重型机械过于靠近导墙。 （7）导墙完成混凝土浇筑拆模后，对导墙沉降、立壁净宽、位移进行监测，监测点间距 3m，监测频率 2 天 / 次，直至开槽前，期间发现数据有突变或沉降太大，对导墙采取加固措施或者凿除重做
2	槽壁坍塌	（1）导墙制作马虎，强度和刚度不足，挖槽时变形破坏，不能挡住地表土层坍塌。	（1）遇竖向节理发育的软弱土层或流砂层应采取慢速进尺，适当加大泥浆密度，控制槽段内液面高于地下水位 1.0m 以上。

续表

序号	预控项目	产生原因	预控措施
2	槽壁坍塌	（2）制作导墙时，导墙沟内长期浸水，导墙墙脚未筑在密实原状土层上。 （3）泥浆的性能指标太低，或泥浆多次重复使用后质量恶化，失去应有的护壁性能。 （4）成槽中泥浆补充不及时，或泥浆大量向地基的空隙中漏失，泥浆液面突然下降而导致槽壁失稳坍塌。 （5）雨天施工时，地下水位急剧上升，地面的积水渗入槽内稀释了槽内泥浆	（2）缩短单元槽段的长度。 （3）降低地下水位与承载水压力。 （4）采用高导墙，提高泥浆液面。 （5）调整泥浆性能指标，必要时掺加重晶石粉，提高泥浆相对密度。 （6）加强施工管理，禁止在槽段两侧堆放土方、钢筋等重物，或停置和通行起重机、混凝土搅拌车等重型施工机械
3	成槽偏斜	（1）挖槽机机架安装不水平，钻机或抓斗的柔性悬吊装置偏离中心。 （2）挖槽过程中遇到较大孤石或局部硬土层。 （3）在有倾斜度的软硬底层交界处挖槽。 （4）在一端是空洞一端是实土，或一端是已浇筑的混凝土墙一端是泥土，两端虚实不一的情况下挖槽	（1）挖槽机作业前需调平机架，调直钻机或抓斗的柔性悬吊装置，防止钻机或抓斗本身倾斜。 （2）挖槽遇到较大孤石时，先用冲击破碎孤石后再挖槽。 （3）钻机在有倾斜度的软硬地层交界处挖槽时，采用低速钻进。 （4）在安排槽段的挖槽顺序时，布孔要以“两孔跳开挖，中间留隔墙”为原则，尽可能避免两孔连着挖的状况，以免挖槽机挖土时两端虚实不一。 （5）在挖槽过程中，挖槽机司机要精心操作，及时纠偏

续表

序号	预控项目	产生原因	预控措施
4	墙体接头缝夹泥与渗漏	（1）进行刷壁工序时，没有刷清附着在墙体接头面上的土渣泥皮。 （2）后行槽吊放钢筋笼时，没有清除粘结在先行槽端混凝土表面的泥土。 （3）吊放钢筋笼时受阻，却又强行插入槽内，导致槽壁土体剥落，加入接头缝中。 （4）泥浆护壁性能不良，在钢筋笼入槽至浇筑混凝土的一段时间中，槽壁有土体塌落，进入接头缝之中。 （5）混凝土供料不及时，难以保持浇筑的连续性，混凝土在槽内上升速度慢，流动性差，致使土渣夹入接头缝之中。 （6）导管下口脱离混凝土面,泥浆涌入导管，混凝土与泥浆混杂，形成没有抗渗性能的劣质混凝土浇入接头缝。 （7）吊装钢筋笼和做混凝土浇筑准备工作的时间太长，或吊装好钢筋笼后未能及时浇筑混凝土，施工槽段因闲置时间过长而引起槽壁塌落，塌落土体夹入接头缝中	（1）吊放后行槽之前，彻底清除粘结在先行槽表面上泥土。 （2）吊放钢筋笼时，必须使钢筋笼保持垂直状态，缓慢下放入槽，如果钢筋笼下放时受阻，不能强行插入，应吊出钢筋笼进行返工，待查明钢筋笼下放受阻原因，排除障碍，并再次清底之后，重新吊装钢筋笼。 （3）严格控制清底后槽内泥浆的性能指标，使泥浆具有良好的护壁性能，以防槽壁在钢筋笼入槽至浇筑混凝土的一段时间中发生坍塌。 （4）混凝土供料及时，具有良好的流动性，确保混凝土浇筑的连续性，并保证混凝土在槽内的上升速度不小于 4m/h。 （5）混凝土供应中断时，要经常抽动导管，并减少导管在混凝土中的埋入深度，防止混凝土导管堵塞或卡死。 （6）在浇筑混凝土时，导管埋入混凝土中的深度必须控制在 2 ~ 4m，严禁导管下口脱离混凝土面。 （7）在保证施工质量的前提下，尽可能缩短单元槽段施工周期，尤其要缩短清底后至开始混凝土浇筑这段吊装钢筋笼和做浇筑混凝土准备工作的时间，以防槽段闲置时间过长，引起槽壁坍塌

续表

序号	预控项目	产生原因	预控措施
5	墙面局部夹泥渗漏	（1）吊放钢筋笼时受阻，却又强行插入槽内，导致槽壁土体剥落，掺入墙体中。 （2）浇筑地下墙的混凝土抗渗强度未达到设计要求。 （3）浇筑地下墙的混凝土供料不及时，难以保持浇筑的连续性，混凝土在槽内上升速度慢，流动性差，致使土渣夹入墙体之中。 （4）因导管下口脱离混凝土，泥浆涌入导管，致使混凝土与泥浆互相混淆，形成抗渗性能很差的劣质混凝土浇入墙体中。 （5）吊装钢筋笼和做混凝土浇筑准备工作的时间太长，或吊装好钢筋笼后未能及时浇筑混凝土，施工槽段因闲置时间过长而引起槽壁坍塌	（1）吊放钢筋笼时，如果钢筋笼下放受阻，不能强行插入槽内，防止槽壁发生坍塌。 （2）严格控制清底后槽内泥浆的性能指标，使泥浆有良好的护壁性能。 （3）强化质量控制，保证混凝土的抗渗性达到设计要求。 （4）混凝土供料及时、具有良好的流动性，确保混凝土浇筑的连续性，并保证混凝土的槽内的上升速度不小于4m/h。 （5）在浇筑混凝土时，导管埋入混凝土中的深度必须控制在2～6m之间，严禁导管下口脱离混凝土面。 （6）在保证施工质量的前提下，尽可能缩短单元槽段施工周期，以防槽段闲置时间过长，引起槽段坍塌
6	墙面局部露筋	（1）施工槽段开挖成槽的直线性不好，槽壁的垂直度不高，壁面凸向坑外。 （2）钢筋笼保护层垫块的布置数量不足，钢筋笼对槽壁有侧向压力时，保护层垫块被压入槽壁土体之中，失去应有的作用。 （3）钢筋笼入槽下放时没有居中或状态不垂直	（1）保证地下墙成槽有良好的直线性与垂直度。 （2）在钢筋笼布置足够数量的保护层垫块，遇到软弱的淤泥质土层时，钢筋笼上保护层垫块要适当加密，增加其与槽壁的接触面积，防止保护层垫块嵌入槽壁土体之中。 （3）钢筋笼入槽后，如果不能保持自然垂直状态，应通过调整吊点位置，使钢筋笼呈自然垂直状态

续表

序号	预控项目	产生原因	预控措施
7	地连墙壁混凝土内存在泥夹层	（1）灌注管摊铺面积不够，部分角落灌注不到，被泥渣填充。灌注管埋深不够，泥渣从底口进入混凝土内。 （2）导管接头不严，泥浆渗入导管。 （3）首批下混凝土量不足，未能将泥浆与混凝土隔开。 （4）混凝土未连续浇灌造成简短或浇灌时间过长，首批混凝土初凝失去流动性，而继续浇灌的混凝土顶破顶层而上升，与泥渣混合，导致在混凝土中夹有泥渣形成夹层。 （5）导管提升过猛，或测深错误，导管底超出原混凝土面底，涌入泥浆。 （6）混凝土浇灌局部塌孔	（1）灌注时，应设 2 个灌注管同时灌注。 （2）导管埋入混凝土深度应为 2 ~ 6m，导管接头应采用粗丝扣，设橡胶圈密封。 （3）首批灌入混凝土量要足够充分，使其有一定的冲击量，能将泥浆从导管中挤出，同时始终保持快速连续进行，中途停歇时间不超过 15min，槽内混凝土上升速度不低于 2m/h，导管上升速度不要过快。 （4）采取快速浇灌，防止时间过长塌孔，遇塌孔可将沉积在混凝土上的泥土吸出，继续灌注，同时采取加大水头压力等措施。 （5）如混凝土凝固，可将导管提出，将混凝土清出，重新下导管，灌注混凝土。 （6）混凝土已凝固出现夹层，应在清除后采取压浆补强方法处理

5.4 技术交底

5.4.1 施工准备

1. 材料要求

钢筋、混凝土原材料进场时规格型号符合要求，应具有产品合格证、出厂检验报告。

（1）钢筋：钢筋进场时，表面或每捆（盘）钢筋均应有标志并应按炉罐（批）号及直径（d）分批检验。检验内容包括查对标志、外观检查，并按现行国家标准的规定抽取试样作力学性能试验，其质量必须符合有关标准的规定后方可使用。

（2）混凝土：混凝土应为预拌混凝土，混凝土强度等级应符合设计要求。浇筑前应检查混凝土运料单，核对混凝土配合比，确认混凝土强度等级，检查混凝土运输时间，测定混凝土坍落度，必要时还应测定混凝土扩展度，在确认无误后再进行混凝土浇筑。

（3）膨润土或优质黏土：其基本性能应符合成槽护壁要求。

2. 施工机具

（1）钢筋加工机械（钢筋切断机、钢筋弯曲机、直螺纹滚压机等）、模板加工机械（电动手锯、手锯等）、履带式起重机、经纬仪、水准仪等。

（2）地下连续墙施工成槽及配套泥浆制配、处理、混凝土浇筑、槽段接头所需要主要机具设备。

3. 作业要求

（1）施工现场已完成“三通一平”，保证施工机械行走的安全和平稳。

（2）施工道路承载力满足要求。

（3）具备钢筋加工和运输条件。具备混凝土生产、运输和灌注条件。

（4）具备泥浆配制、存贮和再生处理的条件。

5.4.2 操作工艺

1. 工艺流程

测量放样→导墙制作→挖槽机就位→泥浆配制→槽段开挖→刷

壁→清底换浆→吊装锁口管→钢筋笼制作与吊装→设置混凝土导管→混凝土灌注。

2. 施工要点

(1) 测量放样：根据设计院提供的边轴线基准点、围护平面布置图。按图纸尺寸放出围护桩边线和控制线，设立临时控制标志，做好技术复核单，提请监理验收。

(2) 导墙制作：导墙背面及下部遇有废弃的雨水、污水等管道，导墙施工前应做封头处理，并用灰土分层夯实回填。成槽前应构筑导墙，结构形式根据地质条件和施工荷载等情况确定，宜为倒“L”形或“[”形，应满足强度及稳定性要求，导墙应采用现浇混凝土结构，混凝土强度等级不应低于 C20，厚度不应小于 200mm。导墙顶面应高于地面 100mm，高于地下水位 0.5m 以上，导墙底部应进入原状土 200mm 以上且导墙高度不应小于 1.2m。

导墙外侧应用黏性土填实，导墙内侧墙面应垂直，其净距应比地下连续墙设计厚度加宽 40mm。导墙混凝土应对称浇筑，达到设计强度的 70% 后方可拆模，拆模后的导墙应加设对撑。遇暗浜、杂填土等不良地质时，宜进行土体加固或采用深导墙。

(3) 挖槽机就位：保持机架准确、水平、稳固。钻具中心与桩位偏差不大于 20mm，检查核验钻具直径，保持钻孔直径不小于设计桩径。

(4) 泥浆配制：泥浆的作用在于维护槽壁的稳定防止槽壁坍塌、悬浮岩屑和冷却、润滑钻头。泥浆质量的优劣直接关系着成槽速度的快慢，也直接关系着墙体质量、墙底与基岩接合质量以及墙段间接缝的质量。泥浆拌制材料应选用膨润土或高分子聚合物材料，现场应设置泥浆池或泥浆箱。新拌制泥浆应经充分水化，贮放时间不应少于 24h。泥浆的储备量宜为每日计划最大成槽方量的 2 倍以上。

（5）槽段开挖：单元槽段应综合考虑地质条件、结构要求、周围环境、机械设备、施工条件等因素进行划分。单元槽段长度宜为 4~6m。通常，对于软质地基，宜选用抓斗式挖槽机械。对于硬质地基，宜选用回转式或冲击式挖槽机械。施工期间，槽内泥浆面应高于地下水位 0.5m 以上，并且不低于导墙顶面 0.3m。成槽机应具备垂直度显示仪表和纠偏装置，成槽过程中应及时纠偏。单元槽段成槽过程中抽检泥浆指标不应少于 2 处，且每处不应少于 3 次。槽段开挖完毕，应检查泥浆指标、槽位、槽深、槽宽及槽壁垂直度。成槽施工时，异形槽段（L 形、T 形、多边形等）应在相邻槽段浇筑完成后进行。异形槽段成槽时应保证槽壁前后、左右的垂直度均满足设计要求，必要时应调整幅宽。

（6）刷壁：成槽后，应及时清刷相邻段混凝土的端面，刷壁宜到底部，刷壁次数不得少于 10 次，且刷壁器上无泥。

（7）清底换浆：刷壁完成后应进行清基和泥浆置换，宜采用泵吸法清基。

（8）吊装锁口管：地下连续墙宜采用圆形锁口管接头、波纹管接头、楔形接头、工字形接头或混凝土预制接头等柔性接头。当地下连续墙作为主体地下室外墙，且需要形成整体墙体时，宜采用刚性接头。刚性接头可采用一字形或十字形穿孔钢板接头，钢筋承插式接头。当采取地下连续墙顶设置通长冠梁、墙壁内侧槽段接缝位置设置结构壁柱、基础底板与地下连续墙刚性连接等措施时，也可采用柔性接头。地下连续墙顶应设置混凝土冠梁。冠梁宽度不宜小于墙厚，高度不宜小于墙厚的 0.6 倍。

十字形钢板接头与工字形钢接头在施工中应配置接头管（箱），

下端应插入槽底，上端宜高出地下连续墙泛浆高度，同时应制定有效的防混凝土绕流措施。钢筋混凝土预制接头应达到设计强度的100%后方可运输及吊放，吊装的吊点位置及数量应根据计算确定。预制接头吊放应注意迎土面和迎抗面，严禁反放：先放预制接头，再吊放钢筋笼。

（9）钢筋笼制作与吊装：钢筋笼加工场地和制作平台应平整，平面尺寸应满足制作和拼装要求，分节制作的钢筋笼在制作时应试拼装，采用煤接连接或机械连接，主筋接头搭接长度应满足设计要求，搭接位置应错开50%，三级钢及 ϕ25 以上的二级钢应采用机械连接。

钢筋笼制作时应预留导管位置，并应上下贯通。纵向受力钢筋应沿墙身两侧均匀布置，可按内力大小沿墙身纵向分段配置，但通长配置的纵向钢筋不应小于总数的50%。纵向受力钢筋选用HRB400钢筋、HRB500钢筋，直径不宜小于16mm，净间距不宜小于75mm。水平钢筋及构造钢筋宜选用HPB300钢筋或HRB400钢筋，直径不宜小于12mm，水平间距宜取200~400mm，冠梁按构造设置时，纵向钢筋伸入冠梁的长度宜取冠梁厚度。冠梁按结构受力构件设置时，墙身纵向受力钢筋伸入冠梁的锚固长变应符合《混凝土结构设计规范》GB 50010-2010对钢筋锚固的有关规定。

钢筋笼应设保护层垫板，纵向间距为3~5m，横向宜设置2~3块。保护层厚度在基坑内侧不宜小于50mm，在基坑外侧不宜小于70mm。预埋件应与主筋连接牢固，钢筋接驳器外露处应包扎严密。工字钢接头焊接时，水平钢筋与工字钢应用5*d*双面跳焊搭接。

钢筋笼起吊前应检查吊车回转半径600mm内无障碍物，并进行试吊：钢筋笼吊放时应对准槽段中心线缓慢沉入，不得强行入槽。

钢筋笼端部与槽段接头之间、钢筋笼端部与相邻墙段混凝土上面之间的间隙不应大于 150mm，纵向钢筋下端 500mm 长度范围内宜按 1 ∶ 10 的斜度向内收口。钢筋笼的迎土面及迎抗面朝向应正确放置，严禁反放。钢筋笼应在清基后及时吊放。

（10）设置混凝土导管：浇筑混凝土前先架设浇筑架，安装导管。

（11）混凝土灌注：水下混凝土应具备良好的和易性，初凝时间应满足浇筑要求，现场混凝土坍落度宜为（200 ± 20）mm。水下混凝土配制强度等级应先进行试验。地下连续墙的混凝土设计强度等级宜取 C30~C40。地下连续墙用于截水时，墙体混凝土抗渗等级不宜小于 P6。当地下连续墙同时作为主体地下结构构件时，墙体混凝土抗渗等级应满足《地下工程防水技术规范》GB 50108−2008 相关标准的要求。

5.4.3 质量标准

地下连续墙的质量检验标准应符合下表的规定。

泥浆性能指标

<table>
<tr><th>项目</th><th>序号</th><th colspan="3">检查项目</th><th>性能指标</th><th>检查方法</th></tr>
<tr><td rowspan="6">主控项目</td><td>1</td><td rowspan="3">新拌制泥浆</td><td colspan="2">比重</td><td>1.03 ~ 1.10</td><td>比重计</td></tr>
<tr><td>2</td><td rowspan="2">稠度</td><td>黏性土</td><td>20 ~ 25s</td><td rowspan="2">稠度计</td></tr>
<tr><td>3</td><td>砂土</td><td>25 ~ 35s</td></tr>
<tr><td>4</td><td rowspan="3">循环泥浆</td><td colspan="2">比重</td><td>1.05 ~ 1.25</td><td>比重计</td></tr>
<tr><td>5</td><td rowspan="2">稠度</td><td>黏性土</td><td>20 ~ 30s</td><td rowspan="2">稠度计</td></tr>
<tr><td>6</td><td>砂土</td><td>30 ~ 40s</td></tr>
</table>

续表

<table>
<tr><th>项目</th><th>序号</th><th colspan="4">检查项目</th><th>性能指标</th><th>检查方法</th></tr>
<tr><td rowspan="4">主控项目</td><td>7</td><td rowspan="7">清基（槽）后的泥浆</td><td rowspan="4">现浇地下连续墙</td><td rowspan="2">比重</td><td>黏性土</td><td>1.10 ~ 1.15</td><td rowspan="2">比重计</td></tr>
<tr><td>8</td><td>砂土</td><td>1.10 ~ 1.20</td></tr>
<tr><td>9</td><td colspan="2">稠度</td><td>20 ~ 30s</td><td>稠度计</td></tr>
<tr><td>10</td><td colspan="2">含砂率</td><td>≤ 7%</td><td>洗砂瓶</td></tr>
<tr><td rowspan="3">一般项目</td><td>1</td><td rowspan="3">预制地下连续墙</td><td colspan="2">比重</td><td>1.10 ~ 1.20</td><td>比重计</td></tr>
<tr><td>2</td><td colspan="2">稠度</td><td>20 ~ 30s</td><td>稠度计</td></tr>
<tr><td>3</td><td colspan="2">pH</td><td>7 ~ 9</td><td>pH 试纸</td></tr>
</table>

钢筋笼制作与安装允许偏差

<table>
<tr><th rowspan="2">项目</th><th rowspan="2">序号</th><th rowspan="2" colspan="2">检查项目</th><th colspan="2">允许值或允许偏差</th><th rowspan="2">检查方法</th></tr>
<tr><th>单位</th><th>数值</th></tr>
<tr><td rowspan="5">主控项目</td><td>1</td><td colspan="2">钢筋笼长度</td><td>mm</td><td>± 100</td><td rowspan="4">用钢尺量，每片钢筋网检查上中下 3 处</td></tr>
<tr><td>2</td><td colspan="2">钢筋笼宽度</td><td>mm</td><td>2 ~ 20</td></tr>
<tr><td rowspan="2">3</td><td rowspan="2">钢筋笼安装标高</td><td>临时结构</td><td>mm</td><td>± 20</td></tr>
<tr><td>永久结构</td><td>mm</td><td>± 15</td></tr>
<tr><td>4</td><td colspan="2">主筋间距</td><td>mm</td><td>± 10</td><td rowspan="2">任取一断面，连续量取间距，取平均值作为一点，每片钢筋网上测 4 点</td></tr>
<tr><td rowspan="3">一般项目</td><td>1</td><td colspan="2">分布筋间距</td><td>mm</td><td>± 20</td></tr>
<tr><td rowspan="2">2</td><td rowspan="2">预埋件及槽底注浆管中心位置</td><td>临时结构</td><td>mm</td><td>≤ 10</td><td rowspan="2">用钢尺量</td></tr>
<tr><td>永久结构</td><td>mm</td><td>≤ 5</td></tr>
</table>

续表

<table>
<tr><th rowspan="2">项目</th><th rowspan="2">序号</th><th rowspan="2" colspan="2">检查项目</th><th colspan="2">允许值或允许偏差</th><th rowspan="2">检查方法</th></tr>
<tr><th>单位</th><th>数值</th></tr>
<tr><td rowspan="3">一般项目</td><td rowspan="2">3</td><td rowspan="2">预埋钢筋和接驳器中心位置</td><td>临时结构</td><td>mm</td><td>≤ 10</td><td rowspan="2">用钢尺量</td></tr>
<tr><td>永久结构</td><td>mm</td><td>≤ 5</td></tr>
<tr><td>4</td><td colspan="2">钢筋笼制作平台平整度</td><td>mm</td><td>± 20</td><td>用钢尺量</td></tr>
</table>

地下连续墙成槽及墙体允许偏差

<table>
<tr><th rowspan="2">项目</th><th rowspan="2">序号</th><th rowspan="2" colspan="2">检查项目</th><th colspan="2">允许值或允许偏差</th><th rowspan="2">检查方法</th></tr>
<tr><th>单位</th><th>数值</th></tr>
<tr><td rowspan="4">主控项目</td><td>1</td><td colspan="2">墙体强度</td><td colspan="2">不小于设计值</td><td>28d 试块强度或钻芯法</td></tr>
<tr><td rowspan="2">2</td><td rowspan="2">槽壁垂直度</td><td>临时结构</td><td colspan="2">≤ 1/200</td><td>20% 超声波 2 点 / 幅</td></tr>
<tr><td>永久结构</td><td colspan="2">≤ 1/300</td><td>100% 超声波 2 点 / 幅</td></tr>
<tr><td>3</td><td colspan="2">槽段深度</td><td colspan="2">不小于设计值</td><td>测绳 2 点 / 幅</td></tr>
<tr><td rowspan="5">一般项目</td><td rowspan="5">1</td><td rowspan="5">导墙尺寸</td><td>宽度（设计墙厚+40mm）</td><td>mm</td><td>± 10</td><td>用钢尺量</td></tr>
<tr><td>垂直度</td><td colspan="2">≤ 1/500</td><td>用线锤测</td></tr>
<tr><td>导墙顶面平整度</td><td>mm</td><td>± 5</td><td>用钢尺量</td></tr>
<tr><td>导墙平面定位</td><td>mm</td><td>≤ 10</td><td>用钢尺量</td></tr>
<tr><td>导墙顶标高</td><td>mm</td><td>± 20</td><td>水准测量</td></tr>
</table>

续表

<table>
<tr><th rowspan="2">项目</th><th rowspan="2">序号</th><th colspan="2" rowspan="2">检查项目</th><th colspan="2">允许值或允许偏差</th><th rowspan="2">检查方法</th></tr>
<tr><th>单位</th><th>数值</th></tr>
<tr><td rowspan="15">一般项目</td><td rowspan="2">2</td><td rowspan="2">槽段宽度</td><td>临时结构</td><td colspan="2">不小于设计值</td><td>20% 超声波 2 点 / 幅</td></tr>
<tr><td>永久结构</td><td colspan="2">不小于设计值</td><td>100% 超声波 2 点 / 幅</td></tr>
<tr><td rowspan="2">3</td><td rowspan="2">槽段位</td><td>临时结构</td><td>mm</td><td>≤ 50</td><td rowspan="2">钢尺 1 点 / 幅</td></tr>
<tr><td>永久结构</td><td>mm</td><td>≤ 30</td></tr>
<tr><td rowspan="2">4</td><td rowspan="2">沉渣厚度</td><td>临时结构</td><td>mm</td><td>≤ 150</td><td rowspan="2">100% 测绳 2 点 / 幅</td></tr>
<tr><td>永久结构</td><td>mm</td><td>≤ 100</td></tr>
<tr><td>5</td><td colspan="2">混凝土坍落度</td><td>mm</td><td>180 ~ 220</td><td>坍落度仪</td></tr>
<tr><td rowspan="3">6</td><td rowspan="3">地下连续墙表面平整度</td><td>临时结构</td><td>mm</td><td>± 150</td><td rowspan="3">用钢尺量</td></tr>
<tr><td>永久结构</td><td>mm</td><td>± 100</td></tr>
<tr><td>预制地下连续墙</td><td>mm</td><td>± 20</td></tr>
<tr><td>7</td><td colspan="2">预制墙顶标高</td><td>mm</td><td>± 10</td><td>水准测量</td></tr>
<tr><td>8</td><td colspan="2">预制墙中心位移</td><td>mm</td><td>≤ 10</td><td>用钢尺量</td></tr>
<tr><td>9</td><td colspan="2">永久结构的渗漏水</td><td colspan="2">无渗漏、线流，且 ≤ 0.1L/（m^2・d）</td><td>现场检验</td></tr>
</table>

5.4.4 成品保护

（1）施工过程中，应注意保护现场的轴线桩和高程桩。

（2）在钢筋笼制作、运输和吊放过程中，应采取绑扎加强钢筋、两台起重设备同时抬吊等措施防止钢筋笼变形。

（3）钢筋笼在吊放入槽时，不得碰伤槽壁。

（4）钢筋笼入槽内之后，应在 4h 内灌注混凝土，在灌注过程中，应固定导管位置，并采取措施防止泥浆污染。

（5）注意保护外露的主筋和预埋件不受损坏。

5.4.5 安全、环保措施

地下连续墙施工除了满足基本规定和一般规定的安全环保要求外，还应满足以下几点要求：

（1）施工场地内一切电源、电路的安装和拆除，应由持证电工专管，电器应严格接地接零和设置漏电保护器，现场电线、电缆应按规定架空，严禁拖地和乱拉、乱接。

（2）所有机器操作人员应持证上岗。

（3）施工场地内应做到场地平整、无积水，挖好排浆沟。

（4）水泥堆放应有防雨、防潮措施，砂子要有专用堆场，不得污染。

（5）施工机械、电气设备、仪表仪器等在确认完好后方准使用，并由专人负责使用。

（6）施工机械行走路线上路基、路面应提前做好加固措施。

6

6 钢板桩施工工艺

6.1 施工工艺流程

定位放线 → 桩机就位 → 导架安装 → 钢板桩打设 → 钢板桩拔除 → 桩孔回填

6.2 施工工艺标准图

序号	施工步骤	材料、机具准备	工艺要点	效果展示
1	定位放线	全站仪、白石灰	按照设计要求进行钢板桩位置放线，根据钢板桩位置测放出导桩与导梁位置，用白石灰标示	
2	桩机就位	振动打拔桩机	振动打拔桩机就位，距离桩位不宜过远，振动锤对准桩位，避免施打时发生歪斜或移动	
3	导架安装	振动打拔桩机、导桩、导梁、经纬仪、水准仪	导架由导桩和导梁组成，导桩间距一般为 3 ~ 5m，打入土中深度 5m 左右，双面导梁之间的间距一般比板桩墙厚度大 8 ~ 15mm。导架安装时采用经纬仪和水准仪控制和调整导梁的位置	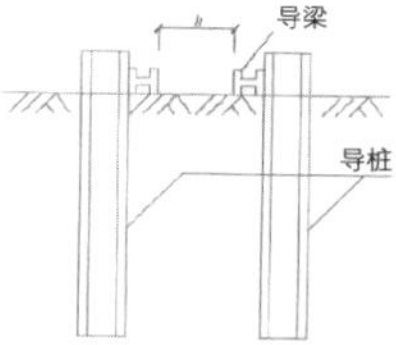 

续表

序号	施工步骤	材料、机具准备	工艺要点	效果展示
4	钢板桩打设	振动打拔桩机、钢板桩、经纬仪、水准仪	打桩前，在钢板桩的锁口内涂抹油脂，以方便钢板桩的打入、拔出。振动打拔桩机吊起钢板桩至插桩点处进行插桩，插桩时锁口要对准，在打桩过程中，用两台经纬仪在两个方向加以控制，钢桩每下沉 1 ~ 2mm，停振检测桩的垂直度，发现偏差，及时纠正	
5	钢板桩拔除	振动打拔桩机	拔桩时，先用振动锤将钢板桩锁口振活以减小土的粘附，然后边振边拔，拔出的钢板桩应及时清除土砂，涂抹油脂	
6	桩孔回填	砂浆	对拔桩后留下的桩孔，及时用细砂进行回填处理，在控制地层位移有较高要求时，采用注浆填充方法	—

6.3 控制措施

序号	预控项目	产生原因	预控措施
1	打桩受阻，不易贯入	（1）在砂层或砂砾层中停桩。 （2）钢板桩连接锁口锈蚀、变形。	（1）对地质情况作详细分析，确定钢板桩贯入深度范围内的地质情况。 （2）打桩前对钢板桩逐根检查，剔除连接锁口锈蚀和严重变形的钢板桩，并在锁口内涂抹油脂。

续表

序号	预控项目	产生原因	预控措施
1	打桩受阻，不易贯入	（3）遇较大障碍物	（3）如遇混凝土块等较大障碍物钢板桩不能施工时，用长臂挖机掏挖，钢板桩边打边挖，直至打入设计深度
2	桩身倾斜现象	在打钢板桩时，由于连接锁口处的阻力大于钢板桩周围的阻力，钢板桩行进方向对钢板桩的贯入阻力小，钢板桩头部便向阻力小的方向位移	（1）施工过程中用仪器随时检查、控制、纠正钢板桩的垂直度。 （2）发生倾斜逐步纠正用钢丝绳拉住桩身，边打边拉
3	桩身扭转	钢板桩锁口铰接，在下插和锤击作用下会产生位移和扭转，并牵动相邻已打入钢板桩的位置，使中心轴线成为折线形	（1）在打桩行进方向用卡板锁住钢板桩的前锁口。 （2）利用好导架，保证垂直度。 （3）桩身扭转严重时，可将扭转部分的钢板桩拔出，采用上述处理措施后，重新打桩
4	带桩下沉	因钢板桩倾斜弯曲，连接锁口的阻力增加，致使相邻钢板桩被连带下沉	（1）钢板桩发生倾斜时及时纠正。 （2）把连带下沉的钢板桩和其他一块或几块用型钢焊接在一起。 （3）在连接锁口处涂抹油脂，减少阻力。 （4）钢板桩被连带下沉后，应在其头部焊接同类型钢板桩补充其长度不足
5	拔桩困难	连接锁口锈蚀、变形严重；钢板桩打入密实砂土层。挖土时支撑不及时，钢板桩变形大	（1）振动锤再复打一次，以克服与土的粘着力及咬口间的铁锈等产生的阻力。 （2）以板桩打设顺序相反的次序拔桩。 （3）承受土压一侧土较密实，在其附近并列打入另一根板桩，使原来的板桩顺利拔出。 （4）侧开槽，放入膨润土浆液，拔桩时可减少阻力

6.4 技术交底

6.4.1 施工准备

1. 材料要求

（1）钢板桩规格型号应符合设计要求，并有出厂合格证和检验报告。

（2）焊接使用的焊条、焊丝应符合设计和现行有关标准的规定。

2. 主要机具

振动打拔桩机、电焊机等机械，全站仪、经纬仪、水准仪等测量仪器。

3. 作业条件

（1）场地内影响打桩的高空和地下障碍物已清除。

（2）施工现场已完成“三通一平”，场地承载力满足桩机行走和稳定的要求。

（3）在不受打桩施工影响的地方已设置轴线定位点和高程控制点。

6.4.2 操作工艺

1. 工艺流程

定位放线→桩机就位→导架安装→钢板桩打设→钢板桩拔除→桩孔回填。

2. 操作要点

（1）定位放线：打桩前，按设计要求进行桩定位放线，确定桩位，每根桩中心处钉一小木桩，并设置油漆标志。

（2）导架安装：为保证沉桩轴线位置的正确和桩的竖直，控制桩的打入精度，防止板桩的屈曲变形和提高桩的贯入能力，一般都需要设置一定刚度的、坚固的导桩导梁，亦称“施工导架”。导桩的间距一般为 3 ~ 5m，双面导梁之间的间距一般比板桩墙厚度大 8 ~ 15mm。导梁的位置不能与钢板桩相碰。导桩不能随着钢板桩的打设而下沉或变形。导梁的高度要适宜，要有利于控制钢板桩的施工高度和提高工效，要用经纬仪和水准仪控制围檩梁的位置和标高。

（3）钢板桩打设：先用振动打拔桩机将钢板桩吊至插桩点处进行插桩，插桩时锁口要对准，每插入一块即套上桩帽轻轻加以锤击。在打桩过程中，为保证钢板桩的垂直度，用两台经纬仪在互相垂直的两个方向加以控制。为防止锁口中心线平面位移，可在打桩进行方向的钢板桩锁口处设卡板，阻止板桩位移。同时在导梁上预先算出每块板块的位置，以便随时检查校正。

（4）钢板桩的转角和封闭：常采用连接件法、骑缝搭接法和轴线调整法。连接件法是用特制的“w”形和“б”形连接件来调整钢板桩的根数和方向，实现板桩墙的封闭合拢。钢板桩打设时，预先测定实际板桩墙的有效宽度，并根据钢板桩和连接件的有效宽度确定板桩墙的合拢位置。骑缝搭接法是利用选用的钢板桩或宽度较大的其他型号钢板桩作闭合板桩，打设于板桩墙闭合处。闭合板桩应打设于挡土的一侧。此法用于板桩墙要求较低的工程。轴线调整法是通过钢板桩墙闭合轴线设计长度和位置的调整实现封闭合拢。封闭合拢处最好选在短边的角部。

（5）钢板桩拔除：板桩回收应在地下结构与板桩墙之间回填施工完成后进行。

（6）桩孔回填：拔除后的桩孔应及时注浆填充。

6.4.3 质量标准

钢板桩质量检验标准应符合下表的规定。

序号	检查项目	允许偏差或允许值		检查方法
		单位	数值	
1	桩垂直度	%	< 1	用钢尺量
2	桩身弯曲度	—	<2%*L*	用钢尺量，*L* 为桩长
3	齿槽平直光滑度	无电焊渣或毛刺		用 1m 长的桩段做通过试验
4	桩长度	不小于设计长度		用钢尺量

钢板桩围护墙允许偏差应符合下表的规定。

项目	允许偏差或允许值	允许偏差或允许值		检查方法
		范围	数值	
轴线位置（mm）	≤ 100	每 10m（连续）	1	经纬仪及尺量
桩顶标高（mm）	± 100	每 20 根	1	水准仪
桩垂直度（mm）	≤ 100	每 20 根	1	线锤及直尺
板缝间隙（mm）	≤ 20	每 10m（连续）	—	尺量

6.4.4 成品保护

（1）钢板桩进入现场应单排平放，下面垫枕木，防止桩变形。起吊时应合理选择吊点，防止桩起吊过程中变形。

（2）打设好的钢板桩应做好标识，避免机械碾压。

6.4.5 安全、环保措施

（1）施工前，检查打桩机的各部件和夹具，以及拉森钢板桩的外观检查，看是否有扭曲变形等瑕疵。

（2）拉森钢板桩在施工现场的吊运应有专人指挥，并使用合适的钢丝绳。

（3）尽量避免夜间施打拉森钢板桩，若因工期原因确需夜间施工，应该确保有足够的照明，让桩机驾驶员能清楚地看清桩和夹具，安排专人现场指挥。

7

7 土钉墙施工工艺

7.1 施工工艺流程

开挖工作面 → 修整坡面 → 喷射第一层混凝土 → 土钉定位及成孔 → 放置土钉 → 注浆 → 钢筋网片绑扎 → 安装泄水孔 → 喷射混凝土面层 → 养护

7.2 施工工艺标准图

序号	施工步骤	材料、机具准备	工艺要点	效果展示
1	开挖工作面	挖掘机	土方分层开挖，每层开挖高度控制在 2m 以下，基坑坡度为 1 ∶ 1。用挖掘机进行土方作业时，严禁边壁出现超挖或造成边壁土体松动，边坡预留 0.1m，之后采取人工修整	
2	修整坡面	挖掘机、铁锹	机械开挖后，基坑的边壁采用铲、锹进行切削清坡，以达到规定的坡度	
3	喷射第一层混凝土	混凝土喷射机	喷射混凝土喷射顺序应自上而下，喷头与受喷面距离宜控制在 0.8 ~ 1.5m 范围内，喷射方向为垂直喷射面，一次喷射厚度不宜大于 40mm，喷射混凝土适当加入速凝剂以提高混凝土的凝结速度，防止混凝土塌落	
4	土钉定位及成孔	冲击钻机	根据图纸设计要求，用水准仪及卷尺测定出土钉位置，做好标记并编号。土钉开孔时对准孔位徐徐钻进，待达到一定深度且土层较稳定时，方可以正常速度钻进。钻孔不得扰动周围地层，钻孔后清孔采用高压空气或水清孔	

续表

序号	施工步骤	材料、机具准备	工艺要点	效果展示
5	放置土钉	—	钢筋主筋按设计长度加 20cm 下料，外端设 90° 20cm 的弯钩，主筋每隔 1 ~ 2m 焊对中支架，防止主筋偏离土钉中心，支架的构造应不妨碍注浆时浆液的自由流动。安放主筋时，将注浆管与主筋捆绑在一起，注浆管离孔底 0.5m 左右，土钉端部与面层内的加强筋及钢筋网通过加强筋连接	
6	注浆	注浆机	注浆应采用压力注浆，导管先插至距孔底 250 ~ 500mm 处，并在孔口设置止浆塞，注满后保持压力 2min。在注浆时将导管缓慢均匀拔出，出浆口应始终埋在孔中浆体表面下，保证孔中气体能全部排出	
7	钢筋网片绑扎	钢筋、调直机	钢筋网应随土钉分层施工、逐层设置，保护层厚度不宜小于 20mm，钢筋网应延伸至地表面，并伸出边坡线 0.5m。在每步工作面上的网片筋应预留与下一步工作面网筋搭接长度。钢筋网应与土钉连接牢固。埋设控制喷层混凝土厚度的标志。钢筋网片应连接牢固，可用插入土中的钢筋固定，在混凝土喷射下应不出现振动	

续表

序号	施工步骤	材料、机具准备	工艺要点	效果展示
8	安装泄水孔	—	在支护面层背部插入长度为400 ~ 600mm、直径不小于40mm的水平（略朝下）泄水管，其外端伸出支护面层，排水管间距可为1.5 ~ 2m，以便将喷射混凝土面层后的土层内部的积水排出	
9	喷射混凝土面层	混凝土喷射机	喷射作业分段自下而上进行，喷头与受喷面保持垂直，射流方向垂直指向喷射面，最下一步的喷射混凝土面层宜插入基坑底部以下，深度不小于0.1m，在基坑顶部也宜设置宽度为1.5m的喷射混凝土护顶	
10	养护	—	待最后一层喷射混凝土终凝2h后，就应开始养护。养护采用表面洒水方法，养护时间一般为3 ~ 7d	

7.3 控制措施

序号	预控项目	产生原因	预控措施
1	土钉长度及土钉位置偏差	（1）操作人员未按技术交底进行作业。 （2）旁站人员未对钻机进行有效监控。 （3）技术交底未明确具体作业	（1）土钉长度：根据露出土面的钻杆长度，计算已钻进的深度，进而保证土钉的长度。 （2）土钉位置偏差：施工时用白灰将土钉位置在轴网上标识出来，施工时用卷尺测量钻进孔位与土钉轴网的偏差，控制土钉位置不过度偏移

续表

序号	预控项目	产生原因	预控措施
2	绑扣不牢固，绑扎点松脱，箍筋滑移歪斜	用于绑扎的铁丝太硬或粗细不适当；绑扣形式为同一方向	（1）一般采用 20 ~ 22 号铁丝作为绑线。绑扎直径 12mm 以下钢筋宜用 22 号铁丝；绑扎直径 12 ~ 16mm 钢筋宜用 20 号铁丝；绑扎梁、柱等直径较大钢筋用双根 22 号铁丝充当绑线。 （2）绑平板钢筋网时，除了用一面顺扣外，还应加一些十字花扣；钢筋转角处要采用兜扣并加缠；对纵向的钢筋网，除了十字花扣外，也要适当加缠
3	土钉注浆不饱满	（1）注浆压力不够。 （2）注浆管提升过快。 （3）施工队伍偷工减料。 （4）旁站人员不足，控制不严，管理人员巡查不够	（1）在注浆机上粘贴注浆压力技术指标，并对注浆机操作人员进行技术交底。 （2）明确注浆提管速度，不得过快提管。 （3）增加必要的旁站人员进行监督管理，对施工作业人员培训。 （4）分部和经理部管理人员加强巡视，特别是夜间施工的巡视
4	喷射混凝土开裂	（1）喷射混凝土养护不到位。 （2)排水未做好，水流冲刷土体形成空洞，引起混凝土开裂。 （3）土体超挖，回填不饱满，有空洞引起混凝土开裂	（1）按要求进行喷射混凝土养护，喷射混凝土终凝 2h 后应喷水养护，养护时间一般工程不得小于 7d，重要工程不得少于 14d，气温低于 5℃时，不得喷水养护。 （2）安装好泄水管，根据现场实际情况合理设置排水沟，确保土体不受水流冲刷。 （3）对于超挖部分采用低强度等级素混凝土回填至合理位置，确保无空洞
5	喷射混凝土面层未形成整体	（1）施工作业人员未按图施工，操作不规范。 （2）挂网钢筋搭接不够。 （3）钢筋分层挂网时不牢固，发生滑脱位移	（1）加强技术交底，明确技术指标，增强现场管理监督力度，保证按图施工。 （2）钢筋挂网时，必须与上一层钢筋有足够的搭接长度。 （3）钢筋分层挂网时，要绑扎牢固，使用短钢筋打入土体作为临时的钢筋网支撑点

续表

序号	预控项目	产生原因	预控措施
6	软弱土体局部坍塌	（1）开挖后放置时间过久，未及时进行土钉墙支护。 （2）排水设置不合理，导致软弱土体含水量过高，发生位移。 （3）局部土体过于软弱，无法保持稳定	（1）与土方作业单位事先做好沟通协调，土方开挖之后，及时做好土钉支护。 （2）根据设计图纸，现场实际情况合理布置泄水管，并设置排水沟。 （3）采用砂袋进行换填，并在砂袋之间使用松木作为桩钉，防止砂袋位移

7.4 技术交底

7.4.1 施工准备

1. 材料要求

（1）水泥：宜使用强度等级为 42.5 级以上的普通硅酸盐水泥，并有出厂合格证。

（2）砂：灌浆宜用粒径小于 2mm 的中细砂，所用的外加剂应有出厂合格证。

（3）石子：一般粒径不大于 15mm。

（4）土钉：用作土钉的钢筋 (HRB400 级热轧螺纹钢筋)、钢管、角钢应符合设计要求，并有出厂合格证和现场复试的试验报告。

（5）钢材：符合设计要求，并有出厂合格证和现场复试的试验报告。

2. 主要机具

（1）成孔机械：可选用冲击钻机、螺旋钻机、可转钻机等。在易塌孔时宜采用套管成孔或挤压成孔工艺。

（2）注浆机械：可选用UBJ系列挤压式灰浆泵、BMY系列锚杆注浆泵。

（3）经纬仪、水准仪等。

（4）混凝土喷射机根据情况选用，空压机应满足喷射机所需的工作风压和风量要求。

3. 作业条件

（1）施工现场做到“三通一平”，保证机械行走安全和平稳。

（2）施工道路承载力满足要求。

（3）具备钢筋加工和运输条件。具备混凝土生产、运输和灌注条件。

7.4.2 操作工艺

1. 工艺流程

开挖工作面→修整坡面→喷射第一层混凝土→土钉定位及成孔→放置土钉→注浆→钢筋网片绑扎→安装泄水孔→喷射混凝土面层→养护。

2. 操作要点

（1）开挖工作面：挖土分层厚度应与土钉竖向间距协调同步。逐层开挖并施工土钉，开挖标高宜为相应土钉位置下200mm左右，严禁超挖。当用机械进行土方作业时，不得超挖深度，边坡宜用小型机具或铲、锹进行切削清坡，以保证边坡平整，符合设计坡度要求。基坑在水平方向的开挖也应分段进行，一般可取10~20m，不宜大于30m。

（2）修整坡面：每层土方开挖边坡预留0.1m，之后采取人工修整。

（3）喷射第一层混凝土：在坡面上施工第一层面层，喷射混凝土喷射顺序应自上而下，喷头与受喷面距离宜控制在 0.8 ~ 1.5m 范围内，喷射方向为垂直喷射面，一次喷射厚度不宜大于 40mm，喷射混凝土适当加入速凝剂以提高混凝土的凝结速度，防止混凝土塌落。

（4）土钉定位及成孔：按设计要求定出孔位做出标记和编号。成孔过程中做好记录，按编号逐一记载：土体特征、成孔质量、事故处理等。成孔后要进行清孔检查，对孔中出现的局部渗水、塌孔或掉落松土应立即处理，成孔后应及时穿入土钉钢筋并注浆。

（5）放置土钉：钢筋入孔前应先沿周边焊接居中支架，保证钢筋处于孔的中心部位，保证其保护层厚度。

（6）注浆：压力注浆时，应在钻孔口部设置止浆塞，注满浆后保持压力 2min。压力注浆尚需配备排气管，注浆前送入孔内。对于下倾斜孔，可采用重力或低压注浆。注浆采用底部注浆方式。注浆导管底端先插入孔底 250 ~ 500mm 处，在注浆的同时将导管匀速缓慢拔出，导管的出浆口应始终处在孔中浆体表面以下，保证孔中气体能全部逸出。重力注浆以满孔为止，但在初凝前须补浆 1 ~ 2 次。

（7）钢筋网片绑扎：网片与加强连系钢筋交接部位应绑扎或焊接。用直径 25mm 短钢筋头与上钉钢筋焊接牢固后，进行面层喷射混凝土。

（8）安装泄水孔：按间距 1.5 ~ 2m 均布设长 0.4 ~ 0.6m、直径不小于 40mm 的塑料排水管，外管口向下倾斜，管壁上半部分可钻透水孔，管中填满粗砂或砾石作为滤水材料，防止水土流失。

（9）喷射混凝土面层：面层内的钢筋网片应牢牢固定在土壁上，并符合保护层厚度要求。喷射作业前要对机械设备、风、水管路和电线进行检查及试运转，清理喷面，埋好控制喷射混凝土厚度的标志。

当进行面层喷射混凝土时，应仔细清除施工缝结合面上的浮浆层和松散碎屑，并喷水使之湿润。喷射混凝土射距宜在 0.6 ~ 1m，一次喷射厚度宜为 30 ~ 80mm，并从底部逐渐向上部喷射，射流方向应垂直指向喷射面。

（10）养护：根据现场环境条件，进行喷射混凝土的养护，如浇水、织物覆盖浇水等养护方法，养护时间视温度、湿度而定，一般宜为 3 ~ 7d。

7.4.3 质量标准

（1）施工中应对锚杆或土钉位置、钻孔直径、深度及角度，锚杆或土钉插入长度，注浆配比、压力及注浆量，喷锚墙面厚度及强度、锚杆或土钉应力等进行检查。

（2）每段支护体施工完后，应检查坡顶或坡面位移，坡顶沉降及周围环境变化，如有异常情况应采取措施，恢复正常后方可继续施工。

（3）土钉墙支护工程质量检验标准应符合下表的规定。

项目	序号	检查项目	允许偏差或允许值		检查方法
			单位	数值	
主控项目	1	土钉长度	mm	± 30	用钢尺量
	2	锁定力	设计要求		现场实测
一般项目	1	土钉位置	mm	± 30	用钢尺量
	2	钻孔倾斜度	°	± 1	测钻机倾角
	3	浆体强度	设计要求		试样送检
	4	注浆量	大于理论计算浆量		检查计量数据
	5	土钉墙面厚度	mm	± 10	用钢尺量
	6	墙体强度	设计要求		试样送检

7.4.4 成品保护

（1）成孔后及时安插土钉，立即注浆，防止塌孔。

（2）土钉施工应合理安排施工顺序，应遵循分段、分层开挖，分段分层支护的原则，不宜按一次挖就再行支护的方式施工。

（3）施工过程中，应注意保护定位控制桩、水准基点桩，防止碰撞产生位移。

7.4.5 安全、环保措施

（1）土钉钻机应安设安全可靠的反力装置，在有地下承压水地层中钻进时，孔口应安设可靠的防喷装置，以便突然发生漏水涌砂时能及时封住孔口。

（2）注浆管路应畅通，防止塞管、堵泵，造成爆管。

8 锚杆施工工艺

8.1 施工工艺流程

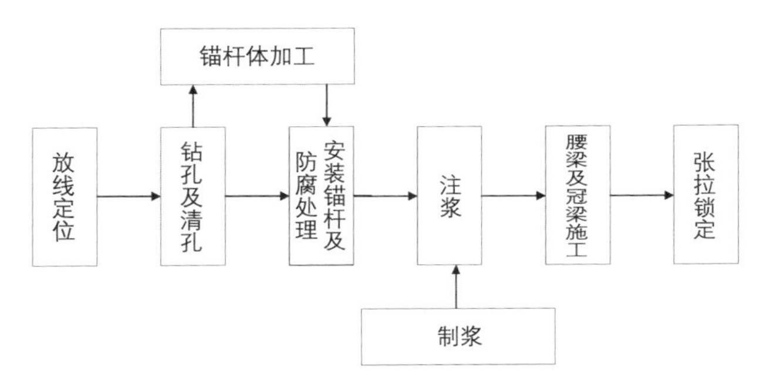

8.2 施工工艺标准图

序号	施工步骤	材料、机具准备	工艺要点	效果展示
1	放线定位	钻孔机、全站仪GPS、水准仪、米尺等	（1）钻孔前按设计及土层定出孔位作出标记。 （2）钻机就位时应测量校正孔位的垂直、水平位置和角度偏差，钻进应保证垂直于坑壁平面	
2	钻孔及清孔	钻孔机、全站仪GPS、水准仪、米尺等	（1）钻进时应控制钻进速度、压力及钻杆的平直。 （2）钻进速度一般以0.3～0.4m/min为宜。 （3）钻孔过程中，若遇易塌孔的土层，宜采用泥浆循环护壁或跟管钻进，钻孔完成后应采用泥浆循环清孔，清除孔底沉渣。 （4）对于自由段钻进速度可稍快；对锚固段，尤其在扩孔时，钻进速度宜适当降低。	

续表

序号	施工步骤	材料、机具准备	工艺要点	效果展示
2	钻孔及清孔	钻孔机、全站仪GPS、水准仪、米尺等	（5）应保证钻孔位置正确，随时调整锚孔位置及角度。 （6）地下水多，则为湿孔，用清水将孔清洗干净（清洗干净的判断标准是流出清水为止）。 （7）所钻的孔没有或极少有地下水，采用空气压缩机风管清洗，残留在基坑内部残渣清理出孔内	
3	安装锚杆及防腐处理	锚筋、钢绞线、导帽、隔离架等	（1）下料长度应考虑锚杆的成孔深度、腰梁、台座的尺寸以及张拉锁定设备所需的长度。 （2）锚杆杆体自由段应涂润滑油和包以塑料布或套塑料管并扎牢，与锚杆体连接处的塑料管管口应密封并用铝丝绑扎牢固。 （3）注浆管宜随锚杆一同放入孔内，管端距孔底为50 ~ 100mm，杆体放入角度与钻孔角保持一致，安放后使杆体始终处于钻孔中心	
4	注浆	水泥、砂、灌浆机	（1）灌浆浆液为水泥砂浆或水泥浆。 （2）一次灌浆法宜选用砂灰比0.8 ~ 1.0、水胶比0.38 ~ 0.45的水泥砂浆，或水胶比0.40 ~ 0.50的纯水泥浆。 （3）二次灌浆法中二次高压灌浆，用水胶比0.45 ~ 0.55水泥浆。	

续表

序号	施工步骤	材料、机具准备	工艺要点	效果展示
4	注浆	水泥、砂、灌浆机	（4）二次灌浆在一次注浆后 4 ~ 24h 进行，具体间隔时间由浆体强度到 5MPa 左右而加以控制。二次灌浆适用于承载力低的土层中的锚杆	
5	张拉锁定	张拉千斤顶	（1）待锚固段的强度大于 15MPa 并达到设计强度等级的 70% ~ 80% 后方可进行张拉。 （2）对于作为开挖支护的锚杆，一般施加设计承载力的 50% ~ 100% 的初期张拉力。 （3）锚杆宜张拉至设计荷载 0.9 ~ 1.0 倍后，再按设计要求锁定。锚杆张拉控制应力，不应超过拉杆强度标准值的 75%。要考虑对邻近锚杆的影响。 （4）正式张拉前应取设计拉力的 10% ~ 20%，对锚杆预张 1 ~ 2 次，使各部位接触紧密和杆体完全平直，保证张拉数据准确。 （5）正式张拉宜分级加载。锚杆张拉至 1.1 ~ 1.2 倍设计轴向拉力值，砂土时保持 10min，黏性土时保持 15min，不再有明显伸长，卸荷至锁定荷载进行锁定作业	  

8.3 控制措施

序号	预控项目	产生原因	预控措施
1	锚杆长度	交底不明确，工人对图纸不熟练，操作失误	技术交底应具备针对性，对工人进行多次交底培训，以实体照片或三维技术进行交底，过程中及时复核，及时纠偏
2	锚杆锁定力	张拉千斤顶未标定或超龄未标定，工人未按方案步骤进行张拉施工	（1）根据使用记录及时进行张拉千斤顶标定工作，张拉过程中旁站监督。 （2）台座的承压面应平整，并与锚杆的轴线方向垂直
3	浆体强度	浆体强度不足，现场砂浆未按配合比进行	（1）配比过程中旁站监督，随用随配。 （2）注浆前清孔，顺锚杆孔用高压风清除孔内积水、岩粉、碎屑等杂物
4	注浆量	锚杆注浆时，设备、材料、计量器具不到位，配合比标识、工艺卡不到位，质检员及监理人员不到位	（1）水泥砂浆必须按规定配合比拌制，原材料必须经过质量检查后方可使用，砂浆配合比现场挂牌标示。 （2）现场注浆根据实际情况调整注浆压力及流量，注浆完成后对注浆质量检查，如存在漏浆或未注满，须及时进行补浆至注满为止。 （3）锚杆注浆完成后须及时做好孔口封堵，在砂浆凝固前不得敲击碰撞

8.4 技术交底

8.4.1 施工准备

1. 技术准备

（1）根据设计图纸、地质勘探报告资料及现场施工情况编制好施工方案。

（2）确定基坑开挖线、轴线定位点、水准基点、变形观测点等，并妥善保护好。

（3）锚杆支护工程施工前应熟悉地质资料、设计图纸及周围环境、地下管线等，降水系统应确保正常工作，必需的施工设备如挖掘机、钻机、压浆渠、搅拌机等应正常运转。

2. 材料准备

（1）原材料要有出厂合格证，并经见证抽样检验合格才能使用。

（2）锚杆体材料使用前应平直、去污、除油和除锈。

（3）水泥浆体所需的水泥应选用普通硅酸盐水泥，必要时可采用抗硫酸盐水泥，不得使用高铝水泥，骨料应选用粒径小于 2mm 的中细砂。

3. 施工工具

（1）钻孔机具应根据地质勘察资料、现场环境及锚杆参数来选取，如坚硬黏性土和不易塌孔的土层宜选用地质钻机、螺旋机和土钻机；饱和黏性土与易塌孔的土层宜选用带护壁套管的土锚专用钻机；

（2）注浆机的工作压力应符合设计要求，并应考虑输送浆过程中管路损失对注浆压力的影响，确保足够的注浆压力。

8.4.2 操作工艺

1. 工艺流程

放线定位→钻孔及清孔→锚杆体加工→安装锚杆及防腐处理→注浆→腰梁及冠梁施工→张拉锁定。

2. 操作要点

1）放线定位

在工作面上，利用全站仪、GPS、水准仪、米尺等，根据设计方案在实地测量确定锚索孔位置放线定位。

2）钻孔及清孔

（1）在确定锚索孔位置后，移机具到位，按设计方案角度固定好，即可钻孔。

（2）孔径、孔深检查一般采用设计孔径钻头和标准钻杆在现场管理人员旁站的条件下验孔，要求验孔过程中钻头平顺推进，不产生冲击或抖动，钻具验送长度满足设计锚孔深度，退钻要求顺畅，用高压风吹验没有明显飞溅尘渣及水体现象。同时要求复查锚孔孔位、倾角和方位，全部锚孔施工分项工作合格后，即可认为锚孔钻孔检验合格。

3）安装锚杆施工

（1）下料长度应考虑锚杆的成孔深度、腰梁、台座的尺寸以及张拉锁定设备所需的长度。

（2）钢筋的接头应采用双面焊接，焊接长度不应小于5倍钢筋直径。

（3）锚杆杆体自由段应涂润滑油和包裹塑料布或套塑料管并扎牢，与锚杆体连接处的塑料管管口应密封并用铝丝绑扎牢固。

（4）注浆管宜随锚杆一同放入孔内，管端距孔底为50~100mm，杆体放入角度与钻孔角保持一致，安放后使杆体始终处于钻孔中心。

（5）二次注浆管的出浆孔及端头应密封，保证一次注浆时浆液不进入二次注浆管内。

（6）锚杆杆体插入孔内的深度不应小于锚杆成孔深度的95%，也不得超深；锚杆安装后，不得随意敲击。

（7）若发现孔壁坍塌，应重新透孔、清孔，直至能顺利送入锚杆为止。

（8）锚杆杆体安放时应防止注浆管被拔出，若注浆管被拔出长度为 50mm 时，应将杆体拔出，修整后重新安放。

4）锚杆防腐处理

锚杆锚固段的防腐处理如下：

（1）一般腐蚀环境中的永久性锚杆，其锚固段内杆体可采用水泥浆或水泥砂浆封闭防腐，但杆体周围必须有 20mm 厚的保护层。

（2）严重腐蚀环境中的永久性锚杆，其锚固段内杆体宜用波纹管外套；管内隙用环氧树脂、水泥浆或水泥砂浆填充，套管周围保护层厚度不得小于 10mm。

（3）临时性锚杆锚固杆体应采用水泥浆封闭防腐，杆体周围保护层厚度不得小于 10mm。

锚杆自由段的防腐处理如下：

（1）永久性锚杆自由段内杆体表面宜涂润滑油或防腐漆，然后包裹塑料布，在塑料布面上再涂抹润滑油或防腐漆，最后装入塑料套管中，形成双层防腐。

（2）临时性锚杆的自由段可采用涂润滑油或防腐漆，再包裹塑料布等简易防腐措施。

外露锚杆部分的防腐处理如下：

（1）永久性锚杆采用外露头时，必须涂以沥青等防腐材料，再采用混凝土密封，外露钢板和锚具的保护层厚度不得小于 2.5cm；

（2）永久性锚杆采用盒具密封时，必须用润滑油填充盒具的空隙；

（3）临时性锚杆的锚头宜采用沥青防腐。

5）注浆施工

（1）浆液应搅拌均匀，随搅随用，并应在凝结前用完。

（2）注浆开始或中途停止超过 30min 时，应用水或稀水泥浆润滑注浆罐及其管路。

（3）注浆时，注浆管应插至距孔底 50~100mm，并随浆液的注入缓慢拔出，杆体插入后，若孔口无浆液溢出，应及时补浆。

（4）注浆时宜边灌注边拔出注浆管，但应注意管口应始终处于浆面下，注浆时应随时活动注浆管，待浆液溢出孔口时全部拔出。

（5）一次注浆待浆液从孔口溢出后可停止注浆。

（6）一次注浆结束后，应将注浆管，注浆枪和注浆套管清洗干净。

（7）二次注浆通常在一次注浆后 4 ~ 24h 进行，具体间隔时间由浆体强度达到 5MPa 左右而加以控制。

（8）一次注浆压力宜为 0.5 ~ 1.5MPa，二次注浆压力宜为 2.0~3.0MPa。

6）张拉与锁定

（1）锚杆张拉前应对张拉设备进行标定。

（2）锚固体及台座混凝土强度均大于设计强度的 70% 时方可张拉。

（3）台座的承压面平整，并与锚杆的轴线方向垂直。

（4）锚杆的张拉顺序应考虑邻近锚杆的影响。

（5）锚杆张拉前，应取 0.1~0.2 设计轴向拉力值，对锚杆进行预张拉 1~2 次，使其各部位的接触紧密，杆体完全平直。

（6）预应力筋张拉应按规定程序进行，在编排张拉程序时，应考虑相邻钻孔预应力筋张拉的相互影响。

8.4.3 质量控制

（1）锚杆工程所用材料如钢材、水泥、水泥浆、水泥砂浆强度等级，必须符合设计要求，锚具应有出厂合格证和试验报告。水泥、砂浆及接驳器必须经过试验，并符合设计和施工规范的要求，有合格的试验资料。

（2）锚固体的直径、标高、深度和倾角必须符合设计要求。

（3）锚杆的组装和安放必须符合《岩土锚杆（索）技术规程》CECS 22-2005 的要求。在进行张拉和锁定时，台座的承压面应平整，并与锚杆的轴线方向垂直。

（4）锚杆的张拉、锁定和防锈处理必须符合设计要求和施工规范的规定。

（5）土层锚杆的试验和监测必须符合设计要求和施工规范的规定。进行基本试验时，所施加最大试验荷载（Q_{max}）不应超过钢丝、钢绞线、钢筋强度标准值的 0.8 倍。基本试验所得的总弹性位移应超过自由段理论弹性伸长的 80%，且小于自由段长度与 1/2 锚固段长度之和的理论弹性伸长。

（6）允许偏差

锚杆水平方向孔距误差不应大于 50mm，垂直方向孔距误差不应大于 100mm。钻孔底部的偏斜尺寸不应大于锚杆长度的 3%。锚杆孔深不应小于设计长度，也不宜大于设计长度的 1%。锚杆锚头部分的防腐处理应符合设计要求。土层锚杆施工尺寸和允许偏差见下表。

项目	序号	检查项目	允许偏差或允许值		检查方法
			单位	数值	
主控项目	1	锚杆土钉长度	mm	±30	用钢尺量
	2	锚杆锁定力	设计要求		现场实测
一般项目	1	锚杆或土钉长度	mm	±100	用钢尺量
	2	钻孔倾斜度	°	±1	测钻机倾角
	3	浆体强度	设计要求		试样送检
	4	注浆量	大于理论计算浆量		检查计量数据
	5	土钉墙面厚度	mm	±10	用钢尺量
	6	墙体强度	设计要求		试样送检

8.4.4 成品保护

（1）为了避免后续施工对锚杆造成破坏，任何机械不允许进入已施工完成的区域进行工作。

（2）对伸出工作面的锚杆体用套管进行保护，以避免锚杆体锈蚀。

（3）锚杆必须分区并且按照一定的顺序进行施工，禁止“遍地开花”，从而增大成品保护的难度。

（4）在混凝土浇筑前，对新建锚杆体锚固部分全部进行检查，并进行二次防腐。

（5）成孔后应及时安插锚杆，立即注浆，防止塌孔。

（6）锚杆的非锚固段及锚头部分应及时做好防雨水锈蚀处理，可采用胶带、套管及废旧蛇皮袋捆绑。

8.4.5 安全、环保措施

1. 安全教育及培训

安全教育和培训是锚杆施工安全生产管理的一个重要组成部分，

它包括对新进场的工人实行上岗前的三级安全教育、变换工种时进行的安全教育、特种作业人员上岗培训、继续教育等，通过教育培训，使所有参建人员掌握“不伤害自己、不伤害别人、不被别人伤害”的安全防范能力。

2. 安全技术交底

编写具有针对性、可操作性的分部（分项）安全技术交底，形成书面材料，由交底人与被交底人双方履行签字手续。

3. 班前安全活动

施工班组每天由班组长主持开展班前安全活动并作详细记录，活动内容是：学习作业安全交底的内容、措施；了解将进行作业的环节和危险度；熟悉操作规程；检查劳保用品是否完好并正确使用。

4. 安全检查

项目安全环境管理部负责施工现场安全巡查并做日检记录，对检查出的隐患定人、定时间、定措施落实整改；企业安全环境部门定期或不定期到现场进行安全检查，指导督促项目安全管理工作并提供相关支持保障。

5. 安全管控要点

1）锚杆钻机应设安全可靠的反力装置。

2）电动机运转正常后，方可开动钻机，钻机操作必须专人负责。处理机械故障时，必须使设备断电、停风，向施工设备送电、送风前，应通知有关人员。

3）向锚杆孔注浆时，注浆罐内应保持一定数量的砂浆，以防止罐体放空，砂浆喷出伤人。

4）检验锚杆锚固力应遵守下列要求：

（1）拉力计必须固定可靠；

（2）拉拔锚杆时，拉力计前方和下方严禁站人；

（3）锚杆杆端一旦出现缩颈时，应及时卸荷。

5）锚索施工应遵守下列要求：

（1）张拉锚索时，孔口前方严禁站人；

（2）进行预应力锚索施工时，其下方严禁进行其他操作。

6. 环保要求

1）注浆的废液不得随意排放，需进行妥善处理。

2）锚杆加工废料需集中处理，不得随意扔放。

9 降排水施工工艺

9.1 明沟加集水井降水

9.1.1 施工工艺流程

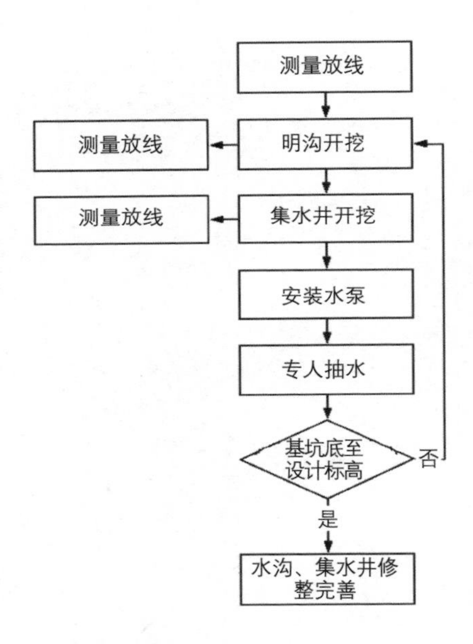

9.1.2 施工工艺标准图

序号	施工步骤	材料、机具准备	工艺要点	效果展示
1	测量放线	全站仪、RTK、挖机若干、15m³渣土车若干、100WQ65-15-5.5水泵若干等	滑石粉标出开挖范围	

序号	施工步骤	材料、机具准备	工艺要点	效果展示
2	明沟开挖		排水沟距坡脚不宜小于0.5m，深度、宽度、坡度应根据基坑涌水量确定，排水沟底宽不宜小于0.3m，坡度宜控制在0.1% ~ 0.2%，沟底比基坑底低0.3 ~ 0.5m。随着基坑的开挖，排水沟随之加深，直到坑底达到设计标高为止。当基坑宽度较大时，可在基坑的中部设置排水沟，沟内分层填满20 ~ 40mm直径石子	
3	集水井开挖	全站仪、RTK、挖机若干、15m³渣土车若干、100WQ65-15-5.5水泵若干等	集水井大小和数量应根据基坑涌水量和渗漏水量、积水量确定，应沿排水沟30 ~ 50m布置一集水井，直径（或宽度）不宜小于0.6m，底面应比排水沟深0.5m。集水井壁应用竹、木简易加固	1—排水沟；2—集水井；3—水泵
4	安装水泵、抽水		放置水泵及安装排水管，接通电路，每台泵应配置一个控制开关，电缆不得有接头、破损。降水期间，必须派专职电工值班抽水，定期对集水井内沉淀物进行清理，保证水泵沉入水中的深度	
5	水沟、集水井修整完善		当基坑挖至设计标高后，集水井底部铺设碎石滤水层、泵端纱网，侧壁用灰砂砖砌筑，防止塌陷。沟壁不稳时还需用砖石干砌或用透水的砂袋进行支护	

9.1.3 控制措施

序号	预控项目	产生原因	预控措施
1	排水不畅	（1）排水沟沟底坡度不足。 （2）排水沟长度过长，集水井数量不足。 （3）排水沟淤积	（1）严格控制排水沟坡度不小于0.2%。 （2）按照图纸设计要求根据项目所在地降水量通常每隔20m设置一处集水井。 （3）定期安排专人清理排水沟
2	集水井水位过高	（1）水泵抽水功率不足。 （2）集水井深度不足，坑底淤积	（1）更换大功率抽水泵。 （2）严格控制集水井深度低于排水沟深度500mm以上，并定期安排专人进行清理

9.1.4 技术交底

1. 施工准备

1）技术准备

（1）根据设计施工图纸、地勘详细报告及现场施工条件编制施工方案；

（2）根据现场控制点确定明沟、集水井、降水井位置；

（3）施工前应对管理人员及施工人员进行交底。

2）材料准备

100WQ65-15-5.5水泵、M10水泥砖、水泵开关及漏电保护器、排水管、碎石。

2. 操作工艺

1）明沟降排水施工流程

测量放线→明沟、集水井开挖→安装水泵→水沟、集水井修缮。

2）施工要点

（1）测量放线：在工作面上，利用全站仪、RTK、水准仪、皮卷尺等，根据施工图纸用滑石粉标出开挖范围；

（2）明沟、集水井开挖：排水沟开挖时距坡脚不宜小于 0.5m，深度、宽度、坡度应根据基坑涌水量确定，排水沟底宽不宜小于 0.3m，坡度宜控制在 0.1% ~ 0.2%，沟底比基坑底低 0.3 ~ 0.5m；随着基坑的开挖，排水沟随之加深，直到坑底达到设计标高为止；当基坑宽度较大时，可在基坑的中部设置排水沟，沟内分层填满直径 20 ~ 40mm 石子；集水井大小和数量应根据基坑涌水量和渗漏水量、积水量确定，应沿排水沟每 30~50m 布置一个集水井，直径（或宽度）不宜小于 0.6m，底面应比排水沟深 0.5m；

（3）安装水泵：规划水泵用电路线，一机一闸一漏保；放置水泵及安装排水管，接通电路；降水期间，必须派专职电工值班抽水，定期对集水井内沉淀物进行清理，保证水泵沉入水中的深度；

（4）水沟、集水井修缮：当基坑挖至设计标高后，集水井底部铺设碎石滤水层、泵端纱网，侧壁用灰砂砖砌筑，防止塌陷；沟壁不稳时还需利用砖石干砌或用透水的砂袋进行支护。

3）质量控制要点

（1）基坑内明排水应设置排水沟及集水井，排水沟纵坡宜控制在 1‰ ~ 2‰；

（2）各降水井井位应沿基坑周边以一定间距形成闭合状；

（3）基坑降水期间应根据施工组织设计配备发电机组，并应进行相应的供电切换演练，施工过程中电力电缆的拆接必须由专业人员负责。

4）成品保护

（1）抽水应连续进行，直到基础回填土后方可停止；

（2）定期清理集水井内沉淀物，保证潜水泵沉入水中的深度；

（3）集水井四周设置定型化防护；

（4）无保护明沟禁止大型车辆通过或挖机碾压。

5）安全环保管理

（1）安全教育及培训

所有人员入场均需进行安全教育及培训，包括对新进场的工人实行上岗前的三级安全教育、变换工种时进行的安全教育、特种作业人员上岗培训、继续教育等，通过教育培训，使参建人员掌握“不伤害自己、不伤害别人、不被别人伤害”的安全防范能力。

（2）安全技术交底

编写具有针对性、可操作性的分部（分项）安全技术交底，形成书面材料，由交底人与被交底人双方履行签字手续。

（3）班前安全活动

施工班组每天由班组长、项目管理人员主持开展班前安全活动并作详细记录，正确辨识现场施工危险源，并针对性提出安全防护措施。

（4）安全检查

项目安全部负责施工现场安全巡查并做日检记录，对检查出的隐患定人、定时间、定措施落实整改；企业安全环境部门定期或不定期到现场进行安全检查，指导督促项目安全管理工作并提供相关支持保障。

（5）安全管控要点

①临时用电不规范：安装合格的漏电保护器，由持有国家认可的电工操作证的人员进行安装、操作和检测；

②放坡角度过大：排水管不能有漏水现象；排水沟内水流必须畅通；基坑（槽）的放坡系数合适；

③集水井长期水位较高：集水井内须安设竹笼或柳筐，或用木板护坡，检修潜水泵时，检修人员应站在竹架板之上进行拖、拔潜水泵。

（6）环境管控要点

①降水产生的废水有组织流排至污水处理池或三级沉淀池；

②机械使用后产生的废油集中存放回收利用；

③生活污水有组织流排至污水处理池或三级沉淀池；

④生活垃圾集中丢至垃圾堆放处，集中外运至垃圾回收处理站。

9.2 管井降水

9.2.1 施工工艺流程

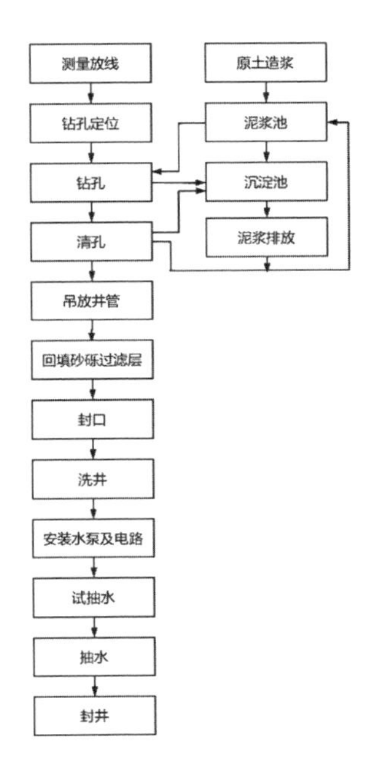

9.2.2 施工工艺标准图

序号	施工步骤	材料、机具准备	工艺要点	效果展示
1	放线及护筒埋设	SR360(大直径管井800~1000mm)锚固钻机(小直径管井400 ~600mm)若干、ZX-500电焊机若干、100WQ65-15-5.5水泵若干	测量并放出井的中心点。井位应设立显著标志，必要时用钢钎打入地面以下300mm，并灌石灰粉作标记。以定好的井位点为中心，井直径作圆，向下钻0.5m深作为井口。确认无地下管线及地下构筑物后放护筒，护筒高出地面0.30 ~ 0.60m，护筒外侧填黏土封隔好表层杂填土	 
2	钻井		成孔采用钻机成孔。钻机就位时需用水准仪找平，做到稳固、周正、水平，钻机就位偏差应小于20mm，垂直度偏差应小于1%。钻进过程中要随时观察冲洗液的流损变化，水的补充要随冲洗液的流损情况及时调整，一般应保持冲洗液面不低于井口下1m，当钻遇卵石层，冲洗液大量流失时，应加大补水量，必要时应投入适量的泥土形成一定黏度的泥浆以控制冲洗液漏失，防止塌孔事故	
3	清孔		钻孔至设计深度后(一般应大于设计深度0.5m)，反循环钻应将钻头提高0.5m左右，然后注入清水	

续表

序号	施工步骤	材料、机具准备	工艺要点	效果展示
3	清孔	SR360（大直径管井800~1000mm）锚固钻机（小直径管井400~600mm）若干、ZX-500电焊机若干、100WQ65-15-5.5水泵若干	继续启动反循环砂石泵替换泥浆；若使用冲击钻则用抽筒将孔底稠泥掏出，并加清水稀释，直到泥浆密度接近1.05g/cm^3，孔底沉淤小于30cm。现场观察一般以换浆后泥浆不染手为准	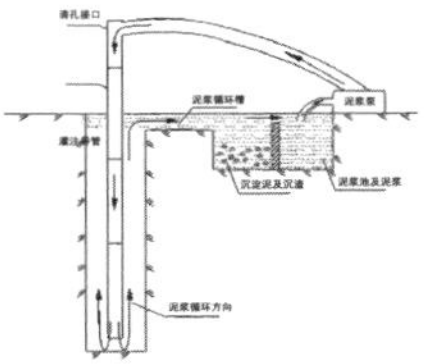
4	吊放井管		井管安放应垂直并位于井孔中间；管顶部比自然地面高500mm左右。井管过滤部分应放置在含水层适当的范围内，铸铁管做井管时滤水段应打孔，孔间距100mm，呈梅花形布置	
5	回填砂砾过滤层		井管安装完后，及时在井管与土壁间填充砂砾。粒径应大于滤网的孔径且符合级配要求。筛除粒径不合格滤料，若合格率大于90%；不得用装载机直接填料，应用铁锹下料，以防分层不均匀和冲击井管，填料要一次连续完成	
6	封口		当滤料填至设计高度后，其上用黏土封堵密实	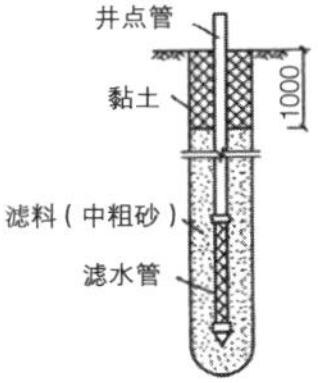

续表

序号	施工步骤	材料、机具准备	工艺要点	效果展示
7	洗井	SR360（大直径管井800~1000mm）锚固钻机（小直径管井400 ~600mm）若干、ZX-500电焊机若干、100WQ65-15-5.5水泵若干	洗井应在下管填砾后8h内进行，一般采用压缩空气洗井法。将空压机空气管及喷嘴放进井内，先洗上面井壁，然后逐渐将水管下入井底。当井管内泥砂多时，可采用“憋气沸腾”的方法，即采取反复关闭、开启管上的气水土混合物的阀门，破坏井壁泥皮。在洗井开始30min左右及以后每60min左右，关闭一次管上的阀门，憋气2 ~ 3min，使井中水沸腾来破坏泥皮和泥砂与滤料的粘结力，直至井管内排出水由浑变清	
8	安装水泵及电路		潜水泵在安装前，应对水泵本身和控制系统作一次全面细致的检查。深井内安设潜水电泵，可用绳索吊入滤水层部位，带吸水钢管的应用吊车放入，上部应与井管口固定。设置深井泵的电动机座应安设平稳，转向严禁逆转（宜有逆止阀），防止转动轴解体。潜水电动机、电缆及接头应有可靠的绝缘，每台泵应配置一个控制开关。安装完毕应进行试抽水，满足要求后始转入正常工作	

续表

序号	施工步骤	材料、机具准备	工艺要点	效果展示
9	抽水	SR360(大直径管井800~1000mm)锚固钻机(小直径管井400 ~600mm)若干、ZX-500电焊机若干、100WQ65-15-5.5水泵若干	在抽水维护期间，根据单井出水量确定开、关水泵的时间间隔，派专业人员24h轮流值班，保证水泵正常运转及井内水位。注意保护井口，防止杂物掉入井内。应定时测量记录水位观测井，及时调节抽水量	
10	封井		施工底板前先封井，去除坑底标高以上井管，填碎石，浇筑C15混凝土封堵井口	

9.2.3 控制措施

序号	预控项目	产生原因	预控措施
1	地下水位降不下去	（1）洗井质量不良，砂滤层含泥量过高，孔壁泥皮在洗井过程中尚未被破坏掉，孔壁附近土层在钻孔时遗留下来的泥浆没有除净，使地下水向井内渗透的水道不畅，影响集水能力。 （2）滤网和砂滤料规格选用不当。	（1）在井点管四周灌砂滤料后立即洗井。一般在抽筒清理孔内泥浆后，用活塞洗井，或用泥浆泵冲清水与拉活塞相结合洗井，以破坏孔壁泥皮，并把附近土层内遗留的泥浆吸出，然后立即单井试抽，使附近土层内未吸净的泥浆依靠地下水不断向井内流动而清洗出来。 （2）需要降水的含水层均应设置滤管；滤网与砂滤料规格根据含水土层土质颗粒分析选定。

续表

序号	预控项目	产生原因	预控措施
1	地下水位降不下去	（3）水文地质资料与实际不符，井垂直度不符合要求，井内沉淀物过多，井孔淤塞	（3）根据前期抽水试验优化确认降水井构造。在钻孔过程中，对每一个井孔取样，核对原有地质资料。在下井管前，复测井孔实际深度，结合设计要求与实际水文地质情况配置井管与滤管。 （4）在井孔内安装或调换水泵前，测量井孔的实际深度和井孔沉淀物的厚度。如果井深不足或沉淀物过厚，需对井孔进行冲洗，排除沉渣
2	降深不足	（1）基坑内局部地段的井点数过少。 （2）井泵型号选用不当，井点排水能力太低。 （3）单井排水能力未能充分发挥。 （4）水文地质资料不确切，基坑内实际涌水量超过计算涌水量	（1）按实际水文地质资料计算相关参数。复核井点过滤部分长度、井进出水量。 （2）选择井泵时考虑到满足不同阶段的涌水量和降深要求。 （3）改善和提高单井排水能力。根据含水层条件设置必要长度的滤水管，增大滤层厚度。 （4）在降水深度不够的位置增设井点。 （5）在单井最大集水能力的许可范围内，更换排水能力较大的井泵。 （6）洗井不合格的重新洗井，以提高单井滤管的集水能力

9.2.4 技术交底

1. 施工准备

1）技术准备

（1）根据设计施工图纸、地勘详细报告及现场施工条件编制施工方案；

（2）根据总的平面布置，确定正式管井的数量、位置，排水管位置流向，沉淀池位置以及与污水管道连接地点；

（3）根据现场控制点对井点位置进行平整（基坑二级缓台中心线位置）、放线，用白灰标明其位置；

（4）施工前应对管理人员及施工人员进行交底。

2）机械、材料准备

SR360（大直径管井 800 ~ 1000mm）锚固钻机（小直径管井 400 ~ 600mm）、ZX-500 电焊机、100WQ65-15-5.5 水泵、砾石。

2. 操作工艺

1）管井降水施工流程

测量放线→钻孔定位→钻孔→清孔→吊放井管→回填砂砾过滤层→封口→洗井→安装水泵及电路→抽水→封井。

2）施工要点

（1）测量放线、钻孔定位：利用全站仪、RTK、水准仪、皮卷尺等测量并放出井的中心点；井位设置显著标志，必要时用钢钎打入地面以下 300mm，并灌石灰粉作标记；以定好的井位点为中心，井直径作圆，向下钻 0.5m 深作为井口；确认无地下管线及地下构筑物后放护筒，护筒高出地面 0.30 ~ 0.60m，护筒外侧填黏土封隔好表层杂填土。

（2）钻孔：成孔采用钻机成孔；钻机就位时需用水准仪找平，做到稳固、周正、水平，钻机就位偏差应小于 20mm，垂直度偏差应小于 1%；钻进过程中要随时观察冲洗液的流损变化，水的补充要随冲洗液的流损情况及时调整，一般应保持冲洗液面不低于井口下 1m，当钻遇卵石层，冲洗液大量流失时，应加大补水量，必要时应投入适量的泥土形成一定黏度的泥浆以控制冲洗液漏失，防止塌孔事故。

（3）清孔：钻孔至设计深度后（一般应大于设计深度 0.5m），反循环钻应将钻头提高 0.5m 左右，然后注入清水继续启动反循环砂石泵替换泥浆；若使用冲击钻则用抽筒将孔底稠泥掏出，并加清水稀释，直到泥浆密度接近 1.05g/cm^3，孔底沉淤小于 30cm。现场观察一般以换浆后泥浆不染手为准。

（4）吊放井管：井管安放应垂直并位于井孔中间；管顶部比自然地面高 500mm 左右；井管过滤部分应放置在含水层适当的范围内，铸铁管做井管时滤水段应打孔，孔间距 100mm，呈梅花形布置。

（5）回填砂砾过滤层：井管安装完后，及时在井管与土壁间填充砂砾；粒径应大于滤网的孔径且符合级配要求。筛除粒径不合格滤料，若合格率大于 90%；不得用装载机直接填料，应用铁锹下料，以防分层不均匀和冲击井管，填料要一次连续完成。

（6）封口：当滤料填至设计高度后，其上用黏土封堵密实。

（7）洗井：洗井应在下管填砾后 8h 内进行，一般采用压缩空气洗井法；将空压机空气管及喷嘴放进井内，先洗上面井壁，然后逐渐将水管下入井底；当井管内泥砂多时，可采用“憋气沸腾”的方法，即采取反复关闭、开启管上的气水土混合物的阀门，破坏井壁泥皮；在洗井开始 30min 左右及以后每 60min 左右，关闭一次管上的阀门，憋气 2~3min，使井中水沸腾来破坏泥皮和泥砂与滤料的粘结力，直至井管内排出水由浑变清。

（8）安装水泵及电路：潜水泵在安装前，应对水泵本身和控制系统做一次全面细致的检查；深井内安设潜水电泵，可用绳索吊入滤水层部位，带吸水钢管的应用吊车放入，上部应与井管口固定；设置深井泵的电动机座应安设平稳，转向严禁逆转（宜有逆止阀），防止转动轴解体；潜水电动机、电缆及接头应有可靠的绝缘，每台泵应配置一个控制开关；安装完毕应进行试抽水，满足要求后始转入正常工作。

（9）抽水：在抽水维护期间，根据单井出水量确定开、关水泵的时间间隔，派专业人员 24h 轮流值班，保证水泵正常运转及井内水位；注意保护井口，防止杂物掉入井内；应定时测量记录水位观测井，及时调节抽水量。

（10）封井：施工底板前先封井，去除坑底标高以上井管，填碎石，浇筑 C15 混凝土封堵井口。

3. 质量控制要点

1）质量控制要点

（1）管井的成孔施工工艺应适合地层特点，对不易塌孔、缩孔的地层宜采用清水钻进；钻孔深度宜大于降水井设计深度 0.3 ~ 0.5m；

（2）采用泥浆护壁时，应在钻进到孔底后清除孔底沉渣并立即置入井管、注入清水，当泥浆比重不大于 1.05 时，方可投入滤料；遇塌孔时不得置入井管，滤料填充体积不应小于计算量的 95%；

（3）填充滤料后，应及时洗井，洗井应充分直至过滤器及滤料滤水畅通，并应抽水检验降水井的滤水效果；

（4）下管前，检查管内外是否有杂物、黏土，以防影响透水性。下管时，井管要正中垂直、连接牢靠，严禁井管强行插入沉淀的孔底；

（5）每打完一口井要用量井器测井深，以保证井深偏差≤ 20cm；

（6）滤水管的强度应符合要求，缠绕滤网应严实，以防出水含砂量超标。滤料粒径不得过大，填料厚度不得小于设计要求；

（7）洗井后的泥砂量控制在 10% 以内。

2）降水系统运行要点

（1）降水系统应进行试运行，如发现井管失效，应采取措施使其恢复正常，如无可能恢复则应报废，另行设置新井管；试运行抽水控制时间为 1d，并应检查出水质量和出水量；

（2）正式抽水宜在试抽水 3d 后进行；降水井宜在基坑开挖 20d 前开始运行；

（3）降水过程中随时检查观测井内水位，调整抽水速度及抽水量；

（4）降水井随基坑开挖深度需要切除时，对继续运行的降水井应去除井管四周地面下 1m 的滤料层，并采用黏土封井后再运行。

管井降水施工质量验收标准见下表。

<table>
<tr><th rowspan="2">项目</th><th rowspan="2" colspan="2">检查项目</th><th colspan="2">允许值或允许偏差</th><th rowspan="2">检查方法</th></tr>
<tr><th>单位</th><th>数值</th></tr>
<tr><td rowspan="4">主控项目</td><td colspan="2">泥浆比重</td><td colspan="2">1.05 ~ 1.10</td><td>比重计</td></tr>
<tr><td colspan="2">滤料回填高度</td><td colspan="2">+10%</td><td>现场搓条法检验土性、测算封填黏土体积、孔口浸水检验密封性</td></tr>
<tr><td colspan="2">封孔</td><td colspan="2">设计要求</td><td>现场检验</td></tr>
<tr><td colspan="2">出水量</td><td colspan="2">不少于设计值</td><td>查看流量表</td></tr>
<tr><td rowspan="6">一般项目</td><td colspan="2">成孔孔径</td><td>mm</td><td>± 50</td><td>钢尺量</td></tr>
<tr><td colspan="2">成孔深度</td><td>mm</td><td>± 20</td><td>测绳测量</td></tr>
<tr><td rowspan="2">活塞洗井</td><td>次数</td><td>次</td><td>≥ 20</td><td>检查施工记录</td></tr>
<tr><td>时间</td><td>h</td><td>≥ 2</td><td>检查施工记录</td></tr>
<tr><td colspan="2">沉淀物高度</td><td colspan="2">≤ 5‰井深</td><td>测锤测量</td></tr>
<tr><td colspan="2">含砂量（体积比）</td><td colspan="2">≤ 1/20000</td><td>含砂量计测量</td></tr>
</table>

4. 成品保护

1）防止异物掉入井中，井口应加盖保护；地面上降水井影响车辆行驶时，应做检查井并加承重井盖，排水方式为铺排水管暗排；

2）土方开挖时，应注意对坑内降水井的保护，并在井位处做明显标记；

3）管井成孔后，应立即下井点管并填入豆石滤料，以防塌孔；

4）不能及时下井点管时，孔口应盖盖板，防止物件掉入井孔内堵孔；

5）降水维护阶段应有专人值班，对降排水系统进行检查，防止停电或其他因素影响降水系统的运行。

5. 安全环保管理

1）安全教育及培训

所有人员入场均需进行安全教育及培训，包括对新进场的工人实行上岗前的三级安全教育、变换工种时进行的安全教育、特种作业人员上岗培训、继续教育等，通过教育培训，使所有参建人员掌握“不伤害自己、不伤害别人、不被别人伤害”的安全防范能力。

2）安全技术交底

编写具有针对性、可操作性的分部（分项）安全技术交底，形成书面材料，由交底人与被交底人双方履行签字手续。

3）班前安全活动

施工班组每天由班组长、项目管理人员主持开展班前安全活动并作详细记录，正确辨识现场施工危险源，并针对性提出安全防护措施。

4）安全检查

项目安全部负责施工现场安全巡查并做日检记录，对检查出的隐患定人、定时间、定措施落实整改；企业安全环境部门定期或不定期到现场进行安全检查，指导督促项目安全管理工作并提供相关支持保障。

5）安全管控要点

（1）施工现场应采用两路供电线路或配备发电机，正式抽水后不得停电停泵；

（2）定期检查电缆密封的可靠性，以防止磨损后水沿电缆芯渗入电机内，影响正常运转；

（3）安装合格的漏电保护器，由持有国家认可的电工操作证的专业人员进行安装、操作和检测；遵守安全用电规定，严禁带电作业；

（4）降水期间，必须24h有专人值班，并配备专职电工持证上岗；

（5）潜水泵电线不得有接头、破损，以防漏电；

（6）沿基坑周围安装一条主排水管，一般为大于100mm全新镀锌钢管，每个潜水泵与主管之间要用单向截止阀连接，以防主管的水倒流回井里溢出，将基坑破坏；

（7）在正式开工前，由电工及时办理用电手续，保证在抽水期间不停电。抽水应连续进行，特别是开始抽水阶段，时停时抽，会导致井点管的滤网阻塞。同时由于中途长时间停止抽水，造成地下水位上升，会引起土方边坡塌方等事故；

（8）施工现场应有两路工业用电，降水运行中应保证一路工业用电停电后另一路工业用电能及时使用，保证停电1～10min内能够确保降水井的电源得到更换；

（9）在建筑物、构筑物、地下管线受降水影响范围的不同部位应设置固定变形观测点，观测点不宜少于4个，另在降水影响范围以外设置固定基准点；降水之前测量不少于2次，降水开始至达到设计降水深度期间，每天观测1次，达到降水深度后每2～5d观测1次，直至变形影响稳定或降水结束为止。

6）环境管理要点

（1）合理安排工作计划及场地布置；尽量避免夜间进行噪声量大的施工；

（2）土壤腐蚀和水污染的控制土壤的挖掘、运输、铺筑应尽可能同步进行，在施工场地建立临时排水系统，避免产生水土流失；

（3）做好工程范围内的清洁工作，至少每星期进行一次清理工作，使工地经常保持清洁；渣土外运运输车必须经过冲洗；

（4）降水施工期间洗井抽出的淡水，在现场基本澄清后排放，并应防止淤塞市政管网或污染地表水体；

（5）降水施工排出的泥浆，不得任意排放，防止污染城市环境或影响土地功能。

9.3 轻型井点降水

9.3.1 施工工艺流程

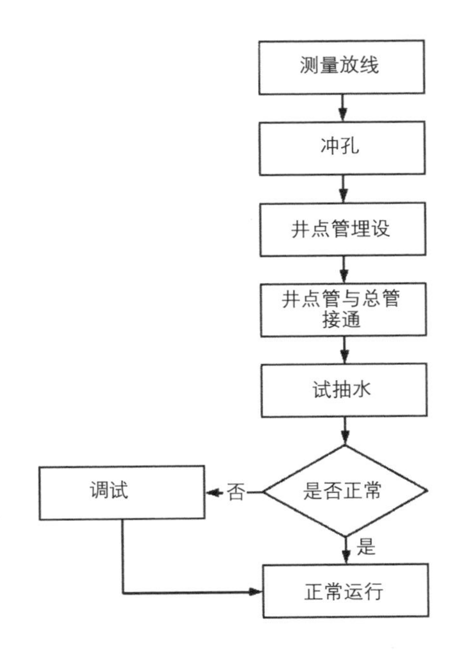

9.3.2 施工工艺标准图

序号	施工步骤	材料、机具准备	工艺要点	效果展示
1	井点管埋设	卷扬机若干、高压水泵若干、真空泵 / 射流泵 / 隔膜泵若干	放线定位井点。井点管的埋设一般多采用冲管冲孔法，分为冲孔和埋管两个过程。冲孔时，先将高压水泵用高压胶管与冲管连接，用起重设备将冲管吊起并对准插在井点的位置上，然后开动高压水泵。高压水冲刷土壤时，冲水孔应作左右转动，将土冲松，同时逐渐下放形成孔洞，冲孔深度宜比滤管底标高深 0.5m。冲孔完成后，立即拔出冲管，插入井点管，并在井点管与孔壁之间迅速用粗砂填灌砂滤层，填至高出滤管顶 1 ~ 1.5m。井点填砂后，在地面以下 1m 深度内须用黏土填实，以防漏气	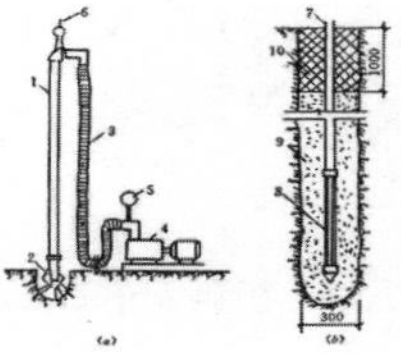 1—冲管；2—冲嘴；3—胶皮管；4—高压水泵；5—压力表；6—起重机吊钩；7—井点管；8—滤管；9—填砂；10—黏土封口
2	井点管与总管接通		井点管埋设完毕应接通总管。总管设在井点管外侧 50cm 处，并用胶垫螺栓把每节主管连接起来。用吸水胶管将井点管与主管连接，并用铁丝绑牢，防止管路不严漏气而降低整个管路的真空度。主管路按 0.5% 的坡度坡向泵房	

续表

序号	施工步骤	材料、机具准备	工艺要点	效果展示
3	试抽水	卷扬机若干、高压水泵若干、真空泵/射流泵/隔膜泵若干	一组井点管部件连接完毕后，与抽水设备连通，接通电源，即可进行试抽水，检查有无漏气、淤塞情况，出水是否正常，如压力表读数在0.15～0.20MPa，真空度在93.4kPa以上，表明各连接系统无问题，即可投入正常使用。如有异常情况，应检修后方可使用	
4	抽水		轻型井点降水时，真空度应保持55.3kPa以上。应连续抽水，并准备双电源。若时抽时停滤网容易堵塞，出水浑浊并引起附近建筑物由于土颗粒流失而沉降、开裂。抽水过程中，应调节离心泵的出水阀以控制水量，使抽吸排水保持均匀，做到细水长流。正常的出水规律是“先大后小，先浊后清”	

9.3.3 控制措施

序号	预控项目	产生原因	预控措施
1	滤管淤积	（1）井点孔直径过小。 （2）砂滤料尺寸不满足要求。 （3）砂滤料回填不均匀	（1）井点孔的直径不宜小于30cm，井身要直、圆，上下保持一致。 （2）砂滤料应符合规定要求，滤料应过筛，清除夹杂其中的泥块、杂草等垃圾。 （3）回填砂滤料时，应围绕井点管四周均匀填入，使滤层厚度均等，填砂滤料的数量应满足规范要求

续表

序号	预控项目	产生原因	预控措施
2	水质浑浊	（1）滤网破损或包扎不严密。 （2）滤网目数选用不当	（1）下井点管前仔细检查滤网，发现滤网破损应及时更换滤网。 （2）当土层为黏质砂土或粉砂时，根据经验一般可选用 60 ~ 80 目的滤网，砂滤料可选用中粗砂
3	真空度过低	（1）管路系统破损漏气。 （2）总管阀门漏气。 （3）井管断裂或连接部位丝牙脱离	（1）管路系统安装应严密，并经检查合格；真空泵的传动装置在开泵前应作适当调整，使转速满足规定要求。 （2）集水总管连接处漏气，应拧紧螺栓或拆下重新安装；总管阀门漏气，应调整或更换。 （3）井管断裂或连接部位丝牙脱离（滑牙），经处理无效，则应将该井管与集水总管脱离，如该井管位置处于降水的关键地点，应重新补打井点
4	升温过高	（1）冷却液不足。 （2）冷却管堵塞	（1）干式真空泵抽水机组开动前，必须对冷却水箱内灌满清水；冷却水泵、水箱及管路经保养且完好，方可正常使用；真空泵运转期间，要经常检查缸套温度状况，以确保设备运转正常。 （2）冷却水管堵塞使热交换失败，则用外面的冷却水来降温
5	局部地段出现流砂	（1）基坑边坡处挖沟积水。 （2）周边土体变形	（1）在水源补给较多一侧，加密井点间距，在基坑开挖期间禁止临近边坡挖沟积水。 （2）基坑附近禁止堆土堆料超载，并尽量避免机械振动过大；抽出的地下水不得在附近回流入土中；若地面出现裂缝及时用水泥灌浆等措施填塞地下孔洞、裂缝

9.3.4 技术交底

1. 施工准备

1）技术准备

（1）根据设计施工图纸、地勘详细报告及现场施工条件编制施工方案；

（2）根据总的平面布置，确定正式管井的数量、位置，排水管位置流向，沉淀池位置以及与污水管道连接地点；

（3）根据现场控制点对井点位置进行平整、放线，用白灰标明其位置；

（4）施工前应对管理人员及施工人员进行交底。

2）机械、材料准备

卷扬机、高压水泵、真空泵 / 射流泵 / 隔膜泵、钢管、8 号铁丝。

2. 操作工艺

1）井点降水施工流程

测量放线→井点管埋设→井点管与总管接通→试抽水→抽水。

2）施工要点

（1）测量放线：根据设计的井位及现场实际情况，准确定出各井位置，并做好标记；

（2）井点管埋设：放线定位井点。井点管的埋设一般多采用冲管冲孔法，分为冲孔和埋管两个过程；冲孔时，先将高压水泵用高压胶管与冲管连接，用起重设备将冲管吊起并对准插在井点的位置上，然后开动高压水泵；高压水冲刷土壤时，冲水孔应作左右转动，将土冲松，同时逐渐下放形成孔洞，冲孔深度宜比滤管底标高深 0.5m；冲孔完成后，立即拔出冲管，插入井点管，并在井点管与孔壁之间迅速用粗砂填灌砂滤层，填至高出滤管顶 1 ~ 1.5m；井点填砂后，在地面以下 1m 深度内须用黏土填实，以防漏气；

（3）井点管与总管接通：井点管埋设完毕应接通总管；总管设在井点管外侧 50cm 处，并用胶垫螺栓把每节主管连接起来；用吸水胶管将井点管与主管连接，并用铁丝绑牢，防止管路不严漏气而降低整个管路的真空度；主管路按 0.5% 的坡度向泵房；

（4）试抽水：一组井点管部件连接完毕后，与抽水设备连通，接通电源，即可进行试抽水，检查有无漏气、淤塞情况，出水是否正常，如压力表读数在 0.15 ~ 0.20MPa，真空度在 93.4kPa 以上，表明各连接系统无问题，即可投入正常使用；如有异常情况，应检修后方可使用；

（5）抽水：轻型井点降水时，真空度应保持 55.3kPa 以上；应连续抽水，并准备双电源。若时抽时停滤网容易堵塞，出水浑浊并引起附近建筑物由于土颗粒流失而沉降、开裂；抽水过程中，应调节离心泵的出水阀以控制水量，使抽吸排水保持均匀，做到细水长流；正常的出水规律是“先大后小，先浊后清”。

3. 质量控制要点

1）质量控制要点

（1）真空井点和喷射井点的成孔工艺可选用清水或泥浆钻进、高压水套管冲击工艺（钻孔法、冲孔法或射水法），对不易塌孔、缩孔的地层也可选用长螺旋钻机成孔；成孔深度宜大于降水井设计深度 0.5 ~ 1.0m；

（2）钻进到设计深度后，应注水冲洗钻孔、稀释孔内泥浆；滤料填充应密实均匀，滤料宜采用粒径为 0.4 ~ 0.6mm 的纯净中粗砂；

（3）成井后应及时洗孔，并应抽水检验井的滤水效果；抽水系统不应漏水、漏气；

（4）孔壁与井管之间的滤料宜采用中粗砂，滤料上方应使用黏土封堵，封堵至地面的厚度应大于 1m。

2）降水系统运行要点

（1）降水系统应进行试运行，如发现井管失效，应采取措施使其恢复正常，如无可能恢复则应报废，另行设置新井管；试运行抽水控制时间为 1d，并应检查出水质量和出水量。坑内降水井宜在基坑开挖 15d 前开始运行；

（2）降水过程中随时检查观测井内水位，调整抽水速度及抽水量；

（3）降水时真空度应保持在 55kPa 以上，且抽水不应间断。轻型井点降水施工质量验收标准见下表。

序号	检查项目	允许值或允许偏差		检查方法
		单位	数值	
1	井管（点）垂直度	%	1	插管时目测
2	井管（点）间距（与设计相比）	%	≤ 150	用钢尺量
3	井管（点）插入深度（与设计相比）	mm	≤ 200	水准仪
4	过滤砂砾料填灌（与计算值相比）	mm	≤ 5	检查回填料用量
5	井点真空度：轻型井点喷射井点	kPa	> 60 > 93	真空度表
6	电渗井点阴阳极距离：轻型井点喷射井点	mm	80 ~ 100 120 ~ 150	用钢尺量

4. 成品保护

1）成孔时，如遇地下障碍物，可以空一井点，钻下一井点，井点管滤水管部分必须埋入含水层内。

2）井点使用后，中途不得停泵，防止因停止抽水使地下水位上升，造成淹泡基槽的事故，一般应设双路供电，或备用一台发电机。

3）井点使用时，正常出水规律是“先大后小，先浊后清”，如不上水，或水一直较浑，或出现清后又浑等情况，应立即检查纠正。真空度是判断井点系统是否良好的尺度，一般应不低于60 ~ 66.7kPa，如真空度不够，表明管道漏气应及时修好。井点管淤塞，可通过听管内水流声，手扶管壁感到振动，夏冬季手摸管子冷热、潮干等简便方法检查。如井点管淤塞太多，严重影响降水效果时，应逐个用高压水反复冲洗井点管或拔出重新埋设。

4）在土方开挖后，应保持降低地下水位在基底500mm以下，以防止地下水扰动地基土体。

5）设置泥砂沉淀池：井点降水过程中因水量较大且无法排放，所以考虑将所抽水由洒水车转运。

6）降水工作应与土方开挖做好协调，以防止土方开挖影响降水效果或产生堵管现象。

5. 安全环保管理

1）安全教育及培训

所有人员入场均需进行安全教育及培训，包括对新进场的工人实行上岗前的三级安全教育、变换工种时进行的安全教育、特种作业人员上岗培训、继续教育等，通过教育培训，使所有参建人员掌握“不伤害自己、不伤害别人、不被别人伤害”的安全防范能力。

2）安全技术交底

编写具有针对性、可操作性的分部（分项）安全技术交底，形成书面材料，由交底人与被交底人双方履行签字手续。

3）班前安全活动

施工班组每天由班组长、项目管理人员主持开展班前安全活动并作详细记录，正确辨识现场施工危险源，并针对性提出安全防护措施。

4）安全检查

项目安全部负责施工现场安全巡查并做日检记录，对检查出的隐患定人、定时间、定措施落实整改；企业安全环境部门定期或不定期到现场进行安全检查，指导督促项目安全管理工作并提供相关支持保障。

5）安全管控要点

（1）加强水位观测，使靠近建筑物的深井水位与附近水位之差保持不大于 1.0m，防止建筑物出现不均匀沉降；

（2）施工现场采用两路供电线路或配备发电设备，正式抽水后干线不得停电、停泵；

（3）定期检查电缆密封的可靠性，以防磨损后水渗入电缆芯内，影响正常运转；

（4）降水期间，必须 24h 有专职电工值班，持证操作；

（5）潜水泵电缆不得有接头、破损，以防漏电；

（6）冲、钻孔机操作时应安放平稳，防止机具突然倾倒或钻具下落，造成人员伤亡或设备损坏；

（7）已成孔尚未下井点前，井孔应用盖板封严，以免掉土或发生人员安全事故；

（8）各机电设备应由专人看管，电气必须一机一闸，严格接地、接零和安漏电保护器，水泵和部件检修时必须切断电源，严禁带电作业。

6）环保管理要点

（1）含泥砂的污水，应在污水出口处设置沉淀池或用泥浆车及时运出场外。池内泥砂应及时清理，并做妥善处理，严禁随地排放。

（2）施工期间应加强环境噪声的长期监测，指定专人负责实施噪声监测，监测设备应校准、检定合格，在有效期内。测量方法、条件、频度、目标、指标、测点的确定等需符合有关国家噪声管理规定。

对噪声超标有关因素及时进行调整，发现不符合，采取纠正与预防措施，并做好记录。

（3）泥浆车及车轮携带物应及时进行清洗，洗车污水应经沉淀后排出。

9.4 疏干井降水

9.4.1 施工工艺流程

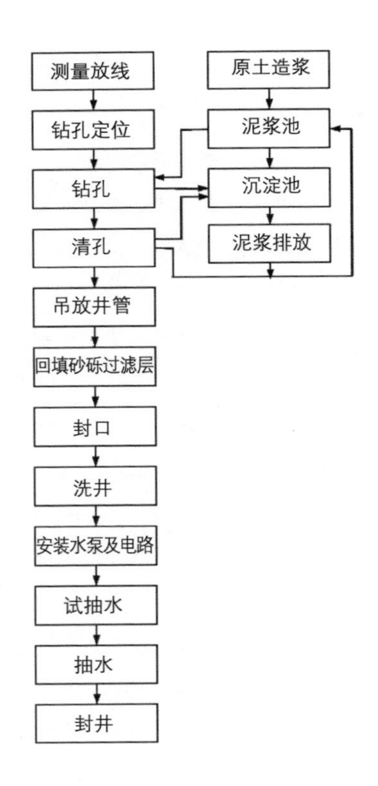

9.4.2 施工工艺标准图

序号	施工步骤	材料、机具准备	工艺要点	效果展示
1	测量放线	全站仪器、RTK	根据设计的井位及现场实际情况，准确定出各井位置，并做好标记	 
2	成孔	GPS10 型锚固钻机若干、护筒若干、ZX-500 电焊机若干、自动控制潜水泵若干、3PNL 泥浆泵若干	采用锚固钻机成孔，孔径为 500mm，用泥浆护壁，孔口设置护筒，以防孔口塌方，并在一侧设排泥沟、泥浆池。成孔后立即清孔，并安装井管。井管下入后，在井管与孔壁间填充碎石滤料。 钻探施工达到设计深度宜多钻 0.3 ~ 0.5m，用大泵量冲洗泥浆，减少沉淀并应立即下管，注入清水稀释泥浆比重接近 1.05 后，投入滤料不少于计算量的 95%，严禁井管强行插入坍塌孔底，滤料填至含水层顶板以上 3 ~ 5m，改用黏土回填封孔不少于 0.5m	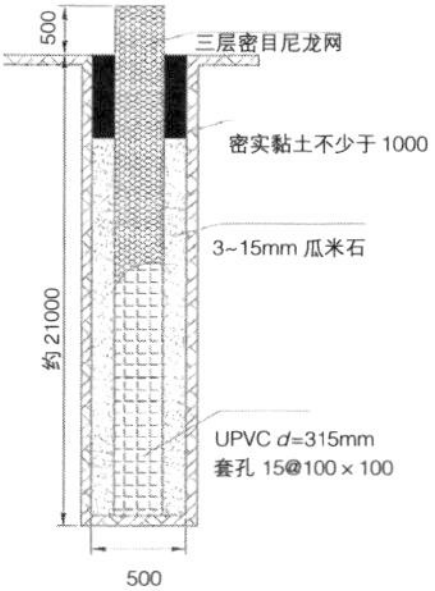
3	洗井		安装水泵前，用压缩空气洗井法清洗滤井，冲除尘渣，直到井管内排出的水由浑变清，达到正常出水量为止	

续表

序号	施工步骤	材料、机具准备	工艺要点	效果展示
4	试抽水	GPS10 型锚固钻机若干、护筒若干、ZX-500 电焊机若干、自动控制潜水泵若干、3PNL 泥浆泵若干	采用 DN50 水泵及 DN50 塑料管将地下水排到沉淀池。水泵安装后，对水泵本身和控制系统做一次全面细致的检查，合格后进行试抽水，满足要求后转入正常工作	
5	观测		观测井中地下水位变化，做好详细记录	

9.4.3 控制措施

序号	预控项目	产生原因	预控措施
1	坑底流砂	（1）水泵功率过低，降水速度不足，导致井内沉砂过多。 （2）持续降水导致地下水位上升，降水效率不足	（1）加大降水井抽水速度。 （2）打开周边其余预备井，共同抽水
2	降水井水位不下降	（1）降水井水泵故障。 （2）井底沉砂或其他沉淀物过多。 （3）水泵功率过小，不满足降水要求	（1）检查深井设备，排除机械故障。 （2）重新洗井，排除沉渣。 （3）增加真空管进行排水

9.4.4 技术交底

1. 施工准备

1）技术准备

（1）根据设计施工图纸、地勘详细报告及现场施工条件编制施工方案；

（2）根据总的平面布置，确定正式管井的数量、位置，排水管位置流向，沉淀池位置以及与污水管道连接地点；

（3）根据现场控制点对井点位置进行平整、放线，用白灰标明其位置；

（4）施工前应对管理人员及施工人员进行交底。

2）机械、材料准备

GPS10 型锚固钻机、护筒、ZX-500 电焊机、自动控制潜水泵、3PNL 泥浆泵、碎石、DN50 塑料管。

2. 操作工艺

1）疏干井降水施工流程

测量放线→成孔→洗井→试抽水→观测。

2）施工要点

（1）测量放线：根据设计的井位及现场实际情况，准确定出各井位置，并做好标记；

（2）成孔：采用锚固钻机成孔，孔径为 500mm，用泥浆护壁，孔口设置护筒，以防孔口塌方，并在一侧设排泥沟、泥浆池。成孔后立即清孔，并安装井管；井管下入后，在井管与孔壁间填充碎石滤料；钻探施工达到设计深度宜多钻 0.3 ~ 0.5m，用大泵量冲洗泥浆，减少沉淀并应立即下管，注入清水稀释泥浆比重接近 1.05 后，投入滤料不少于计算量的 95%，严禁井管强行插入坍塌孔底，滤料填至含水层顶板以上 3 ~ 5m，改用黏土回填封孔不少于 0.5m；

（3）洗井：安装水泵前，用压缩空气洗井法清洗滤井，冲除尘渣，直到井管内排出的水由浑变清，达到正常出水量为止；

（4）试抽水：采用 DN50 水泵及 DN50 塑料管将地下水排到沉淀池。水泵安装后，对水泵本身和控制系统做一次全面细致的检查，合格后进行试抽水，满足要求后转入正常工作；

（5）观测：观测井中地下水位变化，做好详细记录。

3. 质量控制要点

1）基坑周围井点应对称，同时抽水，使水位差控制在要求限度内。

2）井管安放应力求垂直并位于井孔中间，井管顶部应比自然地面高 0.5m。

3）井管与土壁之间填充的滤料应一次完成，从井底填到井口下 1.0m 左右，上部采用不含砂石的黏土封口。

4）每台水泵应配置一个控制开关，主电源线路要沿深井排水管路设置。

5）成孔直径必须大于滤管外径 20cm 以上，确保滤管外围的过滤层厚度。

6）滤管在井孔中位置偏移不得大于滤管壁厚。

7）降水完成后，用 C15 混凝土回填管井口至基底标高，保证地基承载力。

4. 成品保护

1）管井成孔后，应立即下井点管并填入豆石滤料，以防塌孔。不能及时下井点管时，孔口应盖盖板，防止物件掉入井孔内堵孔；

2）降水井管埋设后，管口要用木塞堵住，以防异物掉入管内堵塞；

3）井点使用应保持连续抽水，并设备用电源，以避免泥渣沉淀淤管。

5. 安全环保管理

1）安全教育及培训

所有人员入场均需进行安全教育及培训，包括对新进场的工人实行上岗前的三级安全教育、变换工种时进行的安全教育、特种作业人员上岗培训、继续教育等，通过教育培训，使所有参建人员掌握“不伤害自己、不伤害别人、不被别人伤害”的安全防范能力。

2）安全技术交底

编写具有针对性、可操作性的分部（分项）安全技术交底，形成书面材料，由交底人与被交底人双方履行签字手续。

3）班前安全活动

施工班组每天由班组长、项目管理人员主持开展班前安全活动并作详细记录，正确辨识现场施工危险源，并针对性提出安全防护措施。

4）安全检查

项目安全部负责施工现场安全巡查并做日检记录，对检查出的隐患定人、定时间、定措施落实整改；企业安全环境部门定期或不定期到现场进行安全检查，指导督促项目安全管理工作并提供相关支持保障。

5）安全管控要点

（1）现场设专职安全员，负责施工前安全交底及施工现场安全施工；

（2）电器系统设专人负责，配备电器保护装置，随时检查；

（3）设备定期检修，施工机具设备必须由专职人员按操作规程操作。

6）环保管理要点

（1）合理安排工作计划及场地布置；尽量避免夜间进行噪声量大的施工；

（2）土壤腐蚀和水污染的控制土壤的挖掘、运输、铺筑应尽可能同步进行，在施工场地建立临时排水系统，避免产生水土流失；

（3）做好工程范围内的清洁工作，至少每星期进行一次清理工作，使工地经常保持清洁；

（4）渣土外运运输车必须经过冲洗；

（5）降水施工期间洗井抽出的淡水，在现场基本澄清后排放，并应防止淤塞市政管网或污染地表水体；

（6）降水施工排出的土和泥浆，不得任意排放，防止污染城市环境或影响土地功能。

10

⑩

土方回填施工

10.1 施工工艺流程

10.2 施工工艺标准图

<table>
<tr><th>序号</th><th>施工步骤</th><th>材料、机具准备</th><th colspan="2">工艺要点</th><th>效果展示</th></tr>
<tr><td>1</td><td>基底处理</td><td>铁锹、水桶、水泵等</td><td colspan="2">（1）场地回填应先清除基底上垃圾、草皮、树根，排除坑穴中积水、淤泥和杂物，并应采取措施防止地表滞水流入填方区，浸泡地基，造成基土下陷；
（2）当填方基底为耕植土或松土时，应将基底充分夯实和碾压密实；
（3）当填方位于水田、沟渠、池塘或含水量很大的松散土地段，应根据具体情况采取排水疏干，或将淤泥全部挖出换土、抛填片石、填砂砾石、翻松、掺石灰等措施进行处理；
（4）当填土场地地面陡于1/5时，应先将斜坡挖成阶梯形，阶高0.2 ~ 0.3m，阶宽大于1m，然后分层填土，有利于结合和防止滑动</td><td></td></tr>
<tr><td>2</td><td>分层摊铺、压实</td><td>推土机、铲运机、渣土车、打夯机</td><td>机械填土</td><td>（1）推土机填土
填土应由下而上分层铺填，每层虚铺厚度不宜大于30cm。大坡度堆填土，不得居高临下，不分</td><td></td></tr>
</table>

续表

序号	施工步骤	材料、机具准备	工艺要点		效果展示
2	分层摊铺、压实	推土机、铲运机、渣土车、打夯机	机械填土	层次，一次堆填。推土机运土回填，可采用分堆集中，一次运送方法，分段距离为 10 ~ 15m，以减少运土漏失量。土方推至填方部位时，应提起一次铲刀，成堆卸土，并向前行驶 0.5 ~ 1.0m，利用推土机后退时将土刮平。用推土机来回行驶进行碾压，履带应重叠宽度的一半。填土程序宜采用纵向铺填顺序，从挖土区段至填土区段，以 40 ~ 60m 距离为宜。 （2）铲运机填土 铲运机铺土，铺填土区段，长度不宜小于 20m，宽度不宜小于 8m。铺土应分层进行，每次铺土厚度不大于 30 ~ 50cm（视所用压实机械的要求而定），每层铺土后，利用空车返回时将地表面刮平。填土程序一般尽量采取横向或纵向分层卸土，以利行驶时初步压实。 （3）汽车填土 自卸汽车为成堆卸土，须配以推土机推土、摊平。每层的铺土厚度不大于 30 ~ 50cm（随选用压实机具而定）。填土可利用汽车行驶作部分压实工作，行车路线须均匀分布于填土层上。汽车不能在虚土上行驶，卸土推平和压实工作须采取分段交叉进行	

续表

序号	施工步骤	材料、机具准备	工艺要点		效果展示
2	分层摊铺、压实	推土机、铲运机、渣土车、打夯机	人工填土	(1)用手推车送土,以人工用铁锹、耙、锄等工具进行回填土。填土应从场地最底部分开始,由一端向另一端自下而上分层铺填。每层虚铺厚度,用人工木夯夯实时不大于20cm,用打夯机械夯实时不大于25cm。 (2)深浅坑(槽)相连时,应先填深坑(槽),相平后与浅坑全面分层填夯。如采取分段填筑,交接处应填成阶梯形。墙基及管道回填应在两侧用细土同时均匀回填、夯实,防止墙基及管道中心线位移。 (3)夯填土采用人工用60 ~ 80kg的木夯或铁、石夯,由4 ~ 8人拉绳,二人扶夯,举高不小于0.5m,一夯压半夯,按次序进行。较大面积人工回填用打夯机夯实。两机平行时其间距不得小于3m,在同一夯打路线上,前后间距不得小于10m	人工夯实
			摊铺厚度	回填土应分层铺平,根据土质、密实度及机具性能确定每层虚铺厚度	

续表

序号	施工步骤	材料、机具准备	工艺要点		效果展示
2	分层摊铺、压实	推土机、铲运机、渣土车、打夯机	填土压实	（1）人工夯实方法 ①人力打夯前应将填土初步整平，打夯要按一定方向进行，一夯压半夯，夯夯相接，行行相连，两遍纵横交叉，分层夯打。夯实基槽及地坪时，行夯路线应由四边开始，然后再夯向中间。 ②用柴油打夯机等小型机具夯实时，一般填土厚度不宜大于25cm，打夯之前对填土应初步平整，打夯机依次夯打，均匀分布，不留间隙。 ③基坑（槽）回填应在相对两侧或四周同时进行回填与夯实。 ④回填管沟时，应用人工先在管子周围填土夯实，并应从管道两边同时进行，直至管顶0.5m以上。在不损坏管道的情况下，方可采用机械填土回填夯实。 （2）机械压实方法 ①为保证填土压实的均匀性及密实度，避免碾轮下陷，提高碾压效率，在碾压机械碾压之前，宜先用轻型推土机、拖拉机推平，低速预压4～5遍，使表面平实；采用振动平碾压实爆破	  蛙式打夯机 振动打夯机

续表

序号	施工步骤	材料、机具准备	工艺要点		效果展示
2	分层摊铺、压实	推土机、铲运机、渣土车、打夯机	填土压实	石渣或碎石类土，应先静压，而后振压。 ②碾压机械压实填方时，应控制行驶速度，一般平碾、振动碾不超过2km/h；并要控制压实遍数。碾压机械与基础或管道应保持一定的距离，防止将基础或管道压坏或使位移。 ③用压路机进行填方压实，应采用“薄填、慢驶、多次”的方法，填土厚度不应超过25 ~ 30cm；碾压方向应从两边逐渐压向中间，碾轮每次重叠宽度15 ~ 25cm，避免漏压。运行中碾轮边距填方边缘应大于500mm，以防发生溜坡倾倒。边角、边坡边缘压实不到之处，应辅以人力夯或小型夯实机具夯实。压实密实度，除另有规定外，应压至轮子下沉量不超过1 ~ 2cm为宜。 ④平碾碾压一层完后，应用人工或推土机将表面拉毛。土层表面太干时，应洒水湿润后，继续回填，以保证上、下层接合良好。 ⑤用铲运机及运土工具进行压实，铲运机及运	

续表

序号	施工步骤	材料、机具准备	工艺要点		效果展示
2	分层摊铺、压实	推土机、铲运机、渣土车、打夯机	填土压实	土工具的移动须均匀分布于填筑层的全面，逐次卸土碾压。 （3）压实排水要求 ①填土层如有地下水或滞水时，应在四周设置排水沟和集水井，将水位降低。 ②已填好的土如遭水浸，应把稀泥铲除后，方能进行下一道工序。 ③填土区应保持一定横坡，或中间稍高两边稍低，以利排水。当天填土，应在当天压实	
3	分层取样检验	环刀、铁锹、錾子、锤子	土方回填应填筑压实后，按规范规定进行灌砂法、环刀法取样检验，压实系数应满足设计要求		环刀法取样
4	边坡处理	挖机、铁锹等	（1）填方的边坡坡度按设计规定施工，设计无规定时，永久性边坡高度的限值按附表1采用，压实填土的边坡允许值按附表2采用； （2）对使用时间较长的临时性填方边坡坡度，当填方高度小于10m时，可采用1 ∶ 1.5；超过10m可做成折线形，上部采用1 ∶ 1.5，下部采用1 ∶ 1.75		

续表

序号	施工步骤	材料、机具准备	工艺要点	效果展示
5	修整找平	铁锹、施工线、水准仪、塔尺	填土全部完成后，根据设计要求标高对表面拉线找平，凡超过标准标高的地方，应及时依线铲平；凡低于标准标高的地方，应补土夯实	

永久性边坡的高度限值 附表 1

项次	土的种类	填方高度（m）	边坡坡度
1	黏土类土、黄土、类黄土	6	1 ∶ 1.50
2	粉质黏土、泥灰岩土	6 ~ 7	1 ∶ 1.50
3	中砂或粗砂	10	1 ∶ 1.50
4	砾石或碎石土	10 ~ 12	1 ∶ 1.50
5	易风化的岩土	12	1 ∶ 1.50
6	轻微风化，尺寸 25cm 内的石料	6 以内 6 ~ 12	1 ∶ 1.33 1 ∶ 1.50
7	轻微风化，尺寸大于 25cm 的石料，边坡用最大石块，分排整齐铺砌	12 以内	1 ∶ 1.50 ~ 1 ∶ 0.75
8	轻微风化，尺寸大于 40cm 内的石料，其边坡分排整齐	5 以内 5 ~ 10 > 10	1 ∶ 1.50 1 ∶ 0.65 1 ∶ 1.00

压实填土的边坡允许值 附表 2

填料类别	压实系数 λ_c	边坡允许值（高宽比）			
		填料厚度 H（m）			
		$H \leqslant 5$	$5 < H \leqslant 10$	$10 < H \leqslant 15$	$15 < H \leqslant 20$
碎石、卵石	0.94 ~ 0.97	1 ∶ 1.25	1 ∶ 1.50	1 ∶ 1.75	1 ∶ 2.00
砂夹石（其中碎石、卵石占全重的 30%~ 50%）					

续表

填料类别	压实系数 λ_c	边坡允许值（高宽比）填料厚度 H（m）			
		$H \leqslant 5$	$5<H \leqslant 10$	$10<H \leqslant 15$	$15<H \leqslant 20$
土夹石（其中碎石、卵石占全重的30%~50%）	0.94 ~ 0.97	1 ∶ 1.25	1 ∶ 1.50	1 ∶ 1.75	1 ∶ 2.00
粉质黏土，黏粒含量≥10%的粉土		1 ∶ 1.50	1 ∶ 1.75	1 ∶ 2.00	1 ∶ 2.25

10.3 控制措施

序号	预控项目	产生原因	预控措施
1	回填土土质不合格	未按要求进行土质的选择，质量检查不到位，土质要求的交底不到位	按规范和设计要求选择回填土，回填土中不能还有云母、树根、草皮等有机物，也不能有大块状或工程、工业垃圾出现，更不能出现泥砂或淤泥。如出现以上土，必须立刻清除杂物或更换新的土质
2	回填土下陷	下陷原因可能为回填时为分层碾压，没有控制最佳含水率，对回填土的施工未进行有效控制	（1）回填土应按规定每层取样检测夯实后的干容重，在符合设计要求后才能回填上一层，回填土前必须将基底清理干净。 （2）严格控制每层回填虚铺厚度，以保证土层的夯实密实度。 （3）严格控制回填土料质量，控制含水量、夯实遍数等是防止回填土下沉的重要环节。 （4）机械夯填的边角位置仔细夯实，并应使用细粒土料回填。 （5）雨天不应进行填方的施工。且宜采用碎石类土和砂土、石屑等填料。现场应有防雨和排水措施，防止地面水流入坑（槽）内

续表

序号	预控项目	产生原因	预控措施
3	回填土压实系数达不到要求	（1）土料不符合要求。 （2）施工方法不当。 （3）铺土厚度和压实遍数不符合要求	（1）严格控制回填土料质量；以黏土为土料时，应检查其含水量是否在控制范围内，含水量大的黏土不宜作填土用；一般碎石类土、砂土和爆破石渣可作表层以下填料，其最大粒径不得超过每层铺垫厚度的 2/3。 （2）回填土的压实方法根据回填面积不同选用不同的方法；对于大面积回填土，采用碾压法，宜按“薄填、低速、多遍”的方法，对小面积的回填，采用夯实法
4	“橡皮土”处理	在含水量很大的黏土、粉质黏土、淤泥质土、腐殖土等原状土上进行夯（压）实或回填土，或采用这类土进行回填土工程时，由于原状土被扰动，颗粒之间的毛细孔遭到破坏，水分不易渗透和散发，当气温较高时，对其进行夯击或碾压，特别是用光面碾（夯锤）滚压（或夯实），表面形成硬壳，更加阻止了水分的渗透和散发，形成软塑状的橡皮土。埋藏深的土水分散发慢，往往长时间不易消失	（1）暂停一段时间施工，避免直接拍打，使“橡皮土”含水量逐渐降低，或将土层翻起进行晾槽。 （2）如地基已成“橡皮土”，可采取在上面铺一层碎石或碎砖后进行夯击，将表土层挤紧。 （3）“橡皮土”较严重的，可将土层翻起并粉碎均匀，掺加石灰粉以吸收水分水化，同时改变原土结构成为灰土，使之具有一定强度和水稳性。 （4）当为荷载大的房屋地基，采取打石桩，将毛石（块度为 20 ~ 30cm）依次打入土中，或垂直打入 M10 机砖，纵距 26cm，横距 30cm，直至打不下去为止，最后在上面满铺厚 50mm 的碎石后再夯实。 （5）采取换土，挖去“橡皮土”，重新填好土或级配砂石夯实

续表

序号	预控项目	产生原因	预控措施
5	管道下部夯填不实	基底夯实不到位	管道下部应按要求填夯回填土，漏夯或不实造成管道下方空虚，易造成管道折断、渗漏

10.4 技术交底

10.4.1 施工准备

1. 材料要求

1）填料要优先利用挖出地符合要求的填料。

2）若外取，应选用优质的土、石料、碎石土等。

3）填方土料应符合设计要求，保证填方的强度和稳定性，如设计无要求时，应符合以下规定：（1）碎石类土、砂土和爆破石渣（粒径不大于每层铺土厚的 2/3），可用于表层下的填料；（2）含水量符合压实要求的黏性土，可作各层填料；（3）淤泥和淤泥质土，一般不能用作填料，但在软土地区，经过处理含水量符合压实要求的，可用于填方中的次要部位。

4）各种土的最优含水量和最大密实度参考数值见下表。黏性土料施工含水量与最优含水量之差可控制在 – 4% ~ +2% 范围内（使用振动碾时，可控制在 –6% ~ +2% 范围内）。

项次	土的种类	变动范围	
		最优含水量（%）（重量比）	最大干密度（t/m^3）
1	砂土	8 ~ 12	1.80 ~ 1.88
2	黏土	19 ~ 23	1.58 ~ 1.70
3	粉质黏土	12 ~ 15	1.85 ~ 1.95
4	粉土	16 ~ 22	1.61 ~ 1.80

注：1. 表中土的最大干密度应以现场实际达到的数字为准；
2. 一般性的回填，可不作此项测定。

5）土料含水量一般以手握成团，落地开花为适宜。当含水量过大，应采取翻松、晾干、风干、换土回填、掺入干土或其他吸水性材料等措施；如土料过干，则应预先洒水润湿。

6）当含水量小时，也可采取增加压实遍数或使用大功率压实机械等措施。

7）气候干燥时，须采取加速挖土、运土、平土和碾压过程，以减少土的水分散失。

8）当填料为碎石类土（充填物为砂土）时，碾压前应充分洒水湿透，提高压实效果。

2. 施工机具

铁锹、水桶、水泵、推土机、铲运机、运土车、打夯机、压路机、水准仪、环刀、锤子、錾子等。

3. 作业条件

1）进场前道路已经修建完毕，生产和生活设施具备使用条件，敷设现场供水、供电线路。地上地下障碍物已清除或地下障碍物已查明。

2）测量放线工作已完成，并经验收符合设计要求。

3）工程及其周边3～5m范围内的不良地质、地下管线、构筑物、地穴等探查与处理完毕。

4）施工设备全部到位并已全面验收，运转正常。

10.4.2 操作工艺

1. 工艺流程

基底处理→分层摊铺、压实→分层取样检验→边坡处理→修整找平→验收。

2. 施工要点

1）基底处理：场地回填应先清除基底上垃圾、草皮、树根，排除坑穴中积水、淤泥和杂物，并应采取措施防止地表滞水流入填方区，浸泡地基，造成基土下陷；当填方基底为耕植土或松土时，应将基底充分夯实和碾压密实；当填方位于水田、沟渠、池塘或含水量很大的松散土地段，应根据具体情况采取排水疏干，或将淤泥全部挖出换土、抛填片石、填砂砾石、翻松、掺石灰等措施进行处理；当填土场地地面陡于1/5时，应先将斜坡挖成阶梯形，阶高0.2～0.3m，阶宽大于1m，然后分层填土，以利于结合和防止滑动。

2）分层摊铺、压实

（1）机械填土方法应结合实际情况采用推土机填土、铲运机填土、自卸汽车倒土或者几种方法同时使用。

①推土机填土：填土应由下而上分层铺填，每层虚铺厚度不宜大于30cm。推土机运土回填，可采用分堆集中，一次运送方法，分段距离为10～15m，以减少运土漏失量。用推土机来回行驶进行碾压，履带应重叠宽度的一半。填土程序宜采用纵向铺填顺序，从挖土区段至填土区段，以40～60m距离为宜。

②铲运机填土：铺填土区段不宜小于 20m，宽度不宜小于 8m。铺土应分层进行，每次铺土厚度宜为 30 ~ 50cm，铺土后，空车返回时将地表面刮平。填土程序一般尽量采取横向或纵向分层卸土。

③汽车倒运：自卸汽车为成堆卸土，须配以推土机推土、摊平。每层的铺土厚度宜为 30 ~ 50cm，汽车不能在虚土上行驶，卸土推平和压实工作须采取分段交叉进行。

（2）摊铺厚度：回填土应分层铺平，根据土质、密实度及机具性能确定每层土的虚铺厚度，各类机具分层填土厚度及压实遍数详见下表。

压实机具	分层厚度（mm）	每层压实遍数
平碾	250 ~ 300	6 ~ 8
振动压实机	250 ~ 350	3 ~ 4
柴油打夯	200 ~ 250	3 ~ 4
人工打夯	＜200	3 ~ 4

（3）填土压实：① 应尽量采用同类土填筑，并控制土的含水率在最优含水量范围内。当采用不同的土填筑时，应按土类有规则地分层铺填，不得混杂使用。填土应从最低处开始，由下向上整个宽度分层铺填碾压或夯实。

② 碾压前应对填土层的松铺厚度、平整度和含水量进行检查，符合要求后方可进行碾压。按施工方案要求留置接槎、接缝斜坡，碾压路线和压实遍数满足方案要求。

③ 经压实检验合格后方可转入下道工序。不合格处应进行补压后再做检验，一直达到合格为止。

④ 填土层如有地下水或滞水时，应在四周设置排水沟和积水井，

将水位降低。填土区应保持一定的横坡，或中间稍高两边稍低，以利排水。当天填土，应在当天压实。

3）分层取样检验：土方回填应填筑压实后，按规范规定进行灌砂法、环刀法取样检验，压实系数应满足设计要求。

4）边坡处理：填方的边坡坡度按设计规定施工，设计无规定时，永久性边坡高度的限值按附表 1 采用，压实填土的边坡允许值按附表 2 采用；对使用时间较长的临时性填方边坡坡度，当填方高度小于 10m 时，可采用 1：1.5；超过 10m 可做成折线形，上部采用 1：1.5，下部采用 1：1.75。

5）修整找平：填土全部完成后，根据设计要求标高对表面拉线找平，凡超过标准标高的地方，及时依线铲平；凡低于标准标高的地方，应补土夯实。

10.4.3 质量标准

柱基、基坑、基槽、管沟、地（路）面基础层填土工程质量检验标准

项目	序号	检查项目	允许偏差或允许值		检查方法
			单位	数值	
主控项目	1	标高	mm	0，－50	水准测量
	2	分层压实系数	不小于设计值		环刀法、灌水法、灌砂法
一般项目	1	回填土料	设计要求		取样检查或直观鉴别
	2	分层厚度	设计值		水准测量及抽样检查
	3	含水量	最优含水量 ±2%		烘干法
	4	表面平整度	mm	±20	用 2m 靠尺
	5	有机质含量	≤5%		灼烧减量法
	6	碾迹重叠长度	mm	500～1000	用钢尺量

场地平整填方工程质量检验标准

项目	序号	检查项目	允许偏差或允许值			检查方法
			单位	数值		
主控项目	1	标高	mm	人工	±30	水准测量
				机械	±50	
	2	分层压实系数	不小于设计值			环刀法、灌水法、灌砂法
一般项目	1	回填土料	设计要求			取样检查或直观鉴别
	2	分层厚度	设计值			水准测量及抽样检查
	3	含水量	最优含水量 ±4%			烘干法
	4	表面平整度	mm	人工	±20	用 2m 靠尺
				机械	±30	
	5	有机质含量	≤ 5%			灼烧减量法
	6	碾迹重叠长度	mm	500 ~ 1000		用钢尺量

10.4.4 成品保护

（1）在移交前，封闭场平区域，严禁重车通行。

（2）回填完成后，应保持坡度，保证排水流畅，防止场地表面、坡面出现水损。

（3）回填土时应做好防水层的保护措施，必须做到土方回填好，防水层不受损坏。

10.4.5 安全、环保措施

（1）回填过程中，人工与机械应配合协调，在使用电动打夯机时，应安排专人扯电缆，防止将电缆缠入机械底下或将电缆扯断发生危险。

（2）回填建筑物周围土方时，注意高空坠物的危险，建筑物周围张挂水平防坠网。

（3）回填土施工前，勘察好回填部位底部是否有电缆或水管，防止重型机械碾压造成破坏、发生安全事故。

（4）夜间工作时，现场必须有足够的照明。

（5）做好渣土车辆的进出场冲洗工作，避免扬尘污染。

（6）做好裸土覆盖工作。

11

⑪

防水混凝土施工工艺

11.1 施工工艺流程

基层处理 → 防水卷材铺贴 → 定位放样 → 钢筋绑扎 → 模板加固 → 防水混凝土浇筑 → 防水混凝土养护

11.2 施工工艺标准图

序号	施工步骤	材料、机具准备	工艺要点	效果展示
1	基层清理	高压吹风机、平铲、钢丝刷、笤帚	施工前将验收不合格的基层上杂物、尘土清扫干净	
2	防水卷材铺贴	所选防水卷材	当基层与卷材表面胶粘剂达到要求干燥度后，可开始铺贴。大面积铺贴采用滚铺法，将卷材一端粘贴固定在起始部位后沿弹好的标准线滚铺卷材，每隔 1m 对准标准线粘贴一下，一张卷材铺完立即排除粘结层之间的空气。用松软、干净的长把滚刷从卷材一端开始。沿卷材横向用力滚压一遍	
3	定位放样	全站仪、墨斗、卷尺	施工前，先根据设计图纸和业主提供的坐标基准点，精确计算轴线坐标（或转角点坐标），利用测量仪器精确放样出轴线，并做好保护	

续表

序号	施工步骤	材料、机具准备	工艺要点	效果展示
4	钢筋绑扎	钢筋、钢筋钩子、扎丝	防水混凝土结构内部设置的各种钢筋或绑扎铁丝，不得进入保护层； 马凳应置于底铁上部，不得直接接触模板	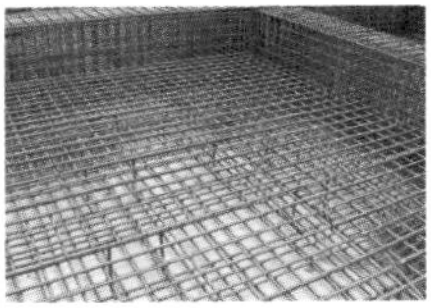
5	模板加固	紧固螺栓、扣件、扳手	用于防水混凝土的模板应拼缝严密、支撑牢固； 固定模板用螺栓的防水做法见右侧效果展示，拆模后应采取加强防水措施将留下的凹槽封堵密实，并宜在迎水面涂刷防水； 防水混凝土不宜过早拆模，拆模时混凝土表面温度与周围气温之差不应超过15 ~ 20℃，以防止混凝土表面出现裂缝。对于地下结构部分，拆模后应及时回填土，以利于混凝土后期强度的提升和获得预期的抗渗性能	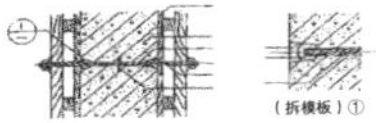 （拆模板）① 固定模板用螺栓的防水做法 
6	防水混凝土浇筑	所选用防水混凝土、振捣棒、运输车	防水混凝土拌合物在运输后如出现离析，必须进行二次搅拌。当坍落度损失后不能满足施工要求时，应加入原配合比的水泥浆或掺加同品种的减水剂进行搅拌，严禁直接加水。 防水混凝土应分层连续浇筑，分层厚度应符合《混凝土结构工程施工规范》GB 50666—2011的规定；大体积混凝土分层浇筑厚度不大于500mm。	

续表

序号	施工步骤	材料、机具准备	工艺要点	效果展示
6	防水混凝土浇筑	所选用防水混凝土、振捣棒、运输车	防水混凝土必须采用机械振捣密实，振捣时间宜为10 ~ 30s，以混凝土开始泛浆和不冒气泡为准，并应避免漏振、欠振和超振。 底板和顶板混凝土初凝前，宜分别对混凝土表面抹压处理。 防水混凝土终凝后应立即进行养护，养护时间不得少于14d	
7	防水混凝土养护	水、水管	防水混凝土浇灌完成后，必须及时养护，并在一定的温度和湿度条件下进行。混凝土初凝后应立即在其表面覆盖草袋、塑料薄膜或喷涂混凝土养护剂等进行养护。炎热季节或刮风天气应随浇灌随覆盖，但要保护表面不被压坏。浇捣后4 ~ 6h即浇水或蓄水养护，3d内每天浇水4 ~ 6次，3d后每天浇水2 ~ 3次，养护时间不得少于14d。墙体混凝土浇灌3d后，可采取撬松侧模，在侧模与混凝土表面缝隙中浇水养护的做法保持混凝土表面湿润	

11.3 控制措施

序号	预控项目	产生原因	预控措施
1	钢筋绑扎不牢，墙体保护层不足，出现露筋	钢筋未绑扎牢固，因碰撞、振动使绑扣松散、钢移位，造成露筋。钢筋没有安装保护层	钢筋及绑扎钢丝均不得接触模板。墙体采用顶模棍或梯格筋代替顶模棍时，应在顶模棍上加焊止水环，马凳应置于底铁上部，不得直接接触模板。钢筋保护层应符合设计规定，并且迎水面钢筋保护层厚度不应小于50mm。应以相同配合比的细石混凝土或水泥砂浆制成垫块，将钢筋垫起，以保证保护层厚度，严禁以铁或钢筋头垫钢筋，或将钢筋用铁钉及钢丝直接固定在模板上。在钢筋集的情况下，更应注意绑扎或焊接质量，并用自密实高性能混凝土浇筑
2	预埋件处理	预埋件未按要求设置	防水混凝土施工时，应当按照设计图纸放线安放预埋件，注意预埋件底部不能碰触模板，端部距离模板的距离不能小于250mm，当无法保证250mm的混凝土厚度时，可配合采用其他防水措施。对于预留沟槽、孔洞、地坑内的防水层施工时应注意确保防水层的连续性；固定模板用的螺栓需要穿透防水混凝土时，应预先在螺栓上满焊止水环；在进行模板支护时，应在螺栓端部安设厚度为30mm、长度为50mm的方形木块，混凝土浇筑完成并达到一定强度后，再将预埋的木块挖除，清理端部的混凝土，凸出部分予以扫平，裸露外部的螺栓端头予以截去；使用膨胀砂浆填堵木块挖除后留下的凹槽，以避免水分浸入而导致螺栓腐蚀

续表

序号	预控项目	产生原因	预控措施
3	混凝土坍落度及养护	混凝土产生离析；养护龄期不足	浇筑前应检查混凝土是否离析，并测定和控制坍落度。若产生离析或出现坍落度损失、不能满足施工要求时，应加入原配合比的水泥浆或二次掺入减水剂，进行二次搅拌，严禁直接加水搅拌，浇筑施工应不间断地连续进行。 混凝土拌合物从搅拌机出料到浇筑完毕所需时间不宜超过 30min，浇筑时如需留置施工缝，应按现行防水技术规范的规定处理，加强养护。要特别注意：混凝土早期的保温、保湿养护不得少于 14d
4	防水混凝土的施工缝处理	多处留设施工缝，且未按要求留置	由于施工缝是防水混凝土施工的薄弱部位，应尽可能地不设或者少设施工缝。底板混凝土浇筑时要保证其连续性，防水混凝土墙体不得沿垂直方向设置施工缝，水平方向的施工缝距底板面应不少于 500mm，距离孔洞边缘应大于 300mm。设置施工缝部位的混凝土应保证两层浇筑间的粘结性，适当将渗水路线延长，进而达到阻断压力水渗漏的目的。为了使施工缝两侧的防水混凝土能够做到密实接缝，两侧混凝土表面要凿毛处理，并及时将面层的垃圾和浮粒清理干净。施工缝内设置的止水带应使缝上下均匀分配，以起到延长渗水路线的作用，进而阻断水的渗漏

11.4 技术交底

11.4.1 施工准备

1. 主要材料

防水混凝土、止水螺栓、钢筋、模板、预制钢筋间隔件（垫块）、模板内撑条、预埋件（施工缝、后浇带、穿墙管、预埋件等防水细部构造预埋）。

2. 主要机具

混凝土搅拌机、翻斗车、手推车、振捣器、溜槽、串桶、铁板、铁锹、吊斗、磅秤等。

3. 作业条件

1）完成钢筋绑扎、模板支设，办理隐检预检手续，并在模板上弹好混凝土浇筑标高线。

2）模板内的垃圾、木屑、泥土、积水和钢筋上的油污等清除干净。木模板在浇筑前 1h 浇水湿润，但不得留有积水；模板内侧应刷好隔离剂。

11.4.2 操作工艺

1. 工艺流程

作业准备→混凝土搅拌→运输→混凝土浇筑→养护。

2. 施工要点

（1）混凝土搅拌：搅料投料顺序为石子→砂→水泥→膨胀剂→水。投料先干拌 0.5 ~ 1min 再加水。水分三次加入，加水后搅拌 1 ~ 2min（比普通混凝土搅拌时间延长 0.5min）。混凝土搅拌前必须严格按试验室配合比通知单操作，不得擅自修改。散装水泥、砂、石车过磅，在雨季，砂必须每天测定含水率，调整用水量。泵送商品混凝土坍落度控制在 14 ~ 16cm。

（2）运输：混凝土运输供应保持连续均衡，间隔不应超过 1.5h，夏季或运距较远可适当掺入缓凝剂，一般掺入 2.5% ~ 3%。运输后如出现离析，浇筑前进行二次拌和。

（3）混凝土浇筑：应连续浇筑，宜不留或少留施工缝。

（4）底板一般按设计要求不留施工缝或留在后浇带上。

墙体水平施工缝留在高出底板表面不少于 200mm 的墙体上，墙体如有孔洞，施工缝距孔洞边缘不宜少于 300mm，施工缝形式宜用凸缝（墙厚大于 30cm）或阶梯缝、平直缝加金属止水片（墙厚小于 30cm），施工缝宜做企口缝，并用止水条处理垂直施工缝，宜与后浇带、变形缝相结合。

在施工缝上浇筑混凝土前，应将混凝土表面，清除杂物，冲净并湿润，再铺一层 2 ~ 3cm 厚水泥砂浆（即原配合比去掉石子）或同一配合比的混凝土，浇筑第一步其高度为 40cm，以后每步浇筑 50 ~ 60cm，严格按施工方案规定的顺序浇筑。混凝土自高处自由倾落不应大于 2m，如高度超过 3m，要用串桶、溜槽下落。

（5）养护：常温（20 ~ 25℃）浇筑后 6 ~ 10h 覆盖浇水养护，要保持混凝土表面湿润，养护不少于 14d。

（6）冬期施工：水和砂应根据冬期施工方案规定加热，应保证混凝土入模温度不低于 5℃，采用综合蓄热法保温养护，冬期施工掺入的防冻剂应选用经认证的产品。拆模时混凝土表面温度与环境温度差不大于 15℃。

11.4.3 质量标准

（1）防水混凝土的原材料、配合比及坍落度必须符合设计要求。

检验方法：检查出厂合格证、质量检验报告、计量措施和现场抽样试验报告。

（2）防水混凝土的抗压强度和抗渗压力必须符合设计要求。

检验方法：检查混凝土抗压、抗渗试验报告。

（3）防水混凝土的变形缝、施工缝、后浇带、穿墙管道、埋设件等设置和构造，均须符合设计要求，严禁有渗漏。

检验方法：观察检查和检查隐蔽工程验收记录。

（4）防水混凝土结构表面应坚实、平整，不得有露筋、蜂窝等缺陷；埋设件位置应正确。

检验方法：观察和尺量检查。

（5）防水混凝土结构表面的裂缝宽度不应大于 0.2mm，并不得贯通。

检验方法：用刻度放大镜检查。

（6）防水混凝土结构厚度不应小于 250mm，其允许偏差为 +8mm、-5mm；迎水面钢筋保护层厚度不应小于 50mm，其允许偏差为 ±5mm。

检验方法：尺量检查和检查隐蔽工程验收记录。

11.4.4 成品保护

（1）为保护钢筋、模板尺寸位置正确，不得踩踏钢筋，并不得碰撞、改动模板、钢筋。

（2）在拆模或吊运其他物件时，不得碰坏施工缝处企口及止水带。

（3）保护好穿墙管、电线管、电门盒及预埋件等，振捣时勿挤压或使预埋件挤入混凝土内。

（4）严禁在混凝土内任意加水，严格控制水胶比，水胶比过大将影响补偿收缩混凝土的膨胀率，直接影响补偿收缩及减少收缩裂缝的效果。

（5）细部构造处理是防水的薄弱环节，施工前应审核图纸，特殊部位如变形缝、施工穿墙管、预埋件等细部要精心处理。

（6）穿墙管外预埋带有止水环的套管，应在浇筑混凝土前预埋固定，止水环周围混凝土要细心振捣密实，防止漏振，主管与套管按设计要求用防水密封膏封严。

（7）结构变形缝应严格按设计要求进行处理，止水带位置要固定准确，周围混凝土要细心浇筑振捣，保证密实，止水带不得偏移，变形缝内填聚乙烯泡沫棒，缝内 20mm 处填防水密封膏，在迎水面上加铺一层防水卷材，并抹 20mm 防水砂浆保护。

（8）后浇缝一般待混凝土浇筑 6 周后，以原设计混凝土等级提高一级的补偿收缩混凝土浇筑，浇筑前接槎处要清理干净，养护 28d。

11.4.5 安全、环保措施

（1）混凝土振动器操作人员应穿胶鞋、戴绝缘手套，振动器应有防漏电装置，不得挂在钢筋上操作。

（2）使用钢模板，应有导电措施，并设接地线，防止机电设备漏电，造成触电事故。

（3）工地污水的排放要做到生活用水和施工用水的分离，严格按市政和市容规定处理。

（4）对于影响周围环境的工程安全防护设施，要经常检查维护，防止由于施工条件的改变或气候的变化影响其安全性。

12

⑫

水泥砂浆抹面防水施工工艺

12.1 施工工艺流程

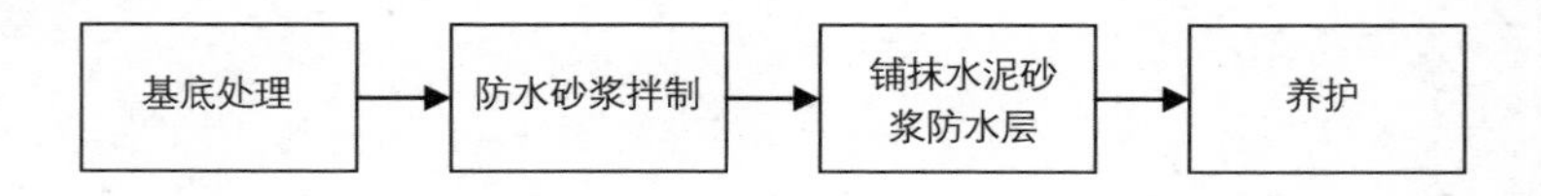

12.2 施工工艺标准图

序号	施工步骤	材料、机具准备	工艺要点	效果展示
1	基层处理	高压吹风机、平铲、钢丝刷、笤帚	基层处理是使防水砂与基层结合、不空、不透水的关键。基层处理包括清理、刷洗、补平、浇水湿润等工序。基层表面应平整、坚实、清洁，并应充分润湿、无明水。基层表面的孔洞、缝隙，应采用与防水层相同的防水砂浆堵塞并抹平。施工前应将预埋件、穿墙管预留凹槽内填密封材料后，再施工水泥砂浆防水层新建混凝土工程表面，可在拆除模板后用钢丝刷将其刷毛，在抹面前应浇水冲刷干净，旧混凝土工程表面可用凿子、剁斧、钢丝刷等工具凿毛，清理后冲水，并用棕刷刷洗干净混凝土基层表面孔洞、缝隙处，可根据孔洞、缝的不同程度，分别进行处理。混凝土密实、表面不深的蜂窝麻面，用水冲洗干净、表面无明水后，用 2mm 水泥砂压实找平即可	2mm 素水泥浆

序号	施工步骤	材料、机具准备	工艺要点	效果展示
2	防水砂浆拌制	水泥、水、铲子	防水砂浆的拌制聚合物防水砂浆的用水，应包括乳液中的含水。砂浆的拌制可采用人工搅拌或机械搅拌，拌合料要均匀一致。拌和好的砂浆应在规定时间内用完，不宜存放过久，防止离析与初凝，落地灰及初凝后的砂浆严禁加水搅拌后继续使用。当自然环境温度不满足要求时，应采取有效措施确保施工环境温度达到要求。工程在地下水位以下，施工前应将水位降到抹面层以下并排除地表积水。旧工程维修防水层，为保证防水层施工顺利进行，应先将渗漏水堵好或堵漏，抹面交叉施工	
3	铺抹水泥砂浆防水层	所选水泥砂浆	应分层铺抹或喷射，铺抹时应压实、抹平，最后一层表面应提浆压光。水泥砂浆防水层各层应紧密粘合，每层宜连续施工。必须留设施工缝时，应采用阶梯坡形槎，槎的搭接要依照层次操作顺序层层搭接。接槎与阴阳角处的距离不得小于200mm。聚合物水泥防水砂浆拌和后，应在规定时间内用完，施工中不得任意加水。地面防水层在施工时为防止踩踏，由里向外顺序进行	200 40 40 40 40 40 第一步　留阶梯坡形槎 200 40 40 40 40 40 第二步　一、二层接槎 200 40 40 40 40 40 第三步　三、四层接槎 1—地面；2—阴阳角泵砂浆；3—防水砂浆层；4—防水砂浆层；5—面层

续表

序号	施工步骤	材料、机具准备	工艺要点	效果展示
4	养护	水、水管	聚合物水泥防水砂浆未达到硬化状态时，不得洒水养护或直接受雨水冲刷，硬化后应采用干湿交替的养护方法。潮湿环境中，可在自然条件下养护。使用特种水泥、掺合料及外加剂的防水砂浆，应按产品相关的要求进行养护	

12.3 控制措施

预控项目	产生原因	预控措施
预防中毒	在密闭空间内施工	绿色施工聚合物水泥砂浆的配制工作应由专人负责,配料人员应佩戴防护手套。乳液中的低分子物质挥发较快，尤其是炎热季节，在通风较差的地下室、水塔内或地下水池（水箱）施工时，应采取机械通风措施，以免中毒及降低聚合物乳液的防水性能

12.4 技术交底

12.4.1 施工准备

1. 材料准备

预拌防水砂浆（掺外加剂防水砂浆和聚合物水泥防水砂浆）。

2. 施工机械

手推车、木刮尺、木抹子、铁抹子、钢皮抹子、喷壶、小水桶、钢丝刷、毛刷、排笔、铁锤、小扫帚等。

3. 作业条件

（1）基层表面应平整、坚实、清洁，并充分湿润，水位降到抹灰面以下并排除地表积水。

（2）预留孔洞及穿墙管道已施工完毕，按设计要求已做好防水处理，并办好隐检手续。

12.4.2 操作工艺

1. 工艺流程

基层处理→涂刷素水泥浆→抹底层普通水泥砂浆防水层→抹面层砂浆素水泥浆→涂刷素水泥浆。

2. 基层处理

（1）混凝土墙、地面基层表面应剔除松散附着物，基层表面的蜂窝孔洞、凹凸不平处应根据不同情况分别进行处理，混凝土基层应作凿毛处理，使基层表面平整坚实、粗糙、洁净，并充分润湿，无积水。表面有油污的，应用 10% 火碱水溶液刷洗干净。砖墙面抹防水砂浆时，宜在砌砖时划缝，深度 10 ~ 12mm。

（2）施工前应将地漏、穿墙管的预留凹槽内嵌填密封材料后再抹防水层砂浆。

（3）混凝土结构的裂缝要沿缝剔成八字形凹槽，用水冲洗干净后，用素水泥浆打底，水泥砂浆压实抹平。

3. 涂刷素水泥浆

根据防水水泥浆配合比要求，将材料拌和均匀，在混凝土基层表面均匀涂刷素水泥浆，随即抹底层砂浆。如基层为砌体时，则抹灰前 1 天用水管把墙浇透，第 2 天洒水湿润即可进行底层砂浆施工。

每次调制的素水泥浆应在初凝前用完。

4. 抹底层普通水泥砂浆防水层

底层普通水泥砂浆防水层配合比应按设计要求选用。施工时按照配合比调制砂浆，搅拌均匀后进行抹灰操作，底灰抹灰厚度为 5 ~ 10mm，砂浆刮平后要用力抹压使之与基层粘结成一体，在砂浆凝固之前用扫帚扫毛。砂浆要随拌随用。

5. 抹面层砂浆素水泥浆

面层砂浆素水泥浆刷完后，再抹面层砂浆，配合比同底层砂浆，抹灰厚度在 6 ~ 8mm，抹灰方向宜与第一层垂直，先用木抹子搓平，后用铁抹子分层压实，抹压次数 2~3 次，最后再压光。

6. 涂刷素水泥浆

面层粉刷完 1d 后，涂刷素水泥浆，做法与第一层相同。

7. 抹灰程序及特殊部位施工要求

（1）抹灰程序宜先抹立面后抹地面，分层铺抹，接槎不宜留在阴阳角处，铺抹时压实抹光和表面压光。

（2）防水砂浆各层应紧密结合，每层宜连续施工，必须留施工缝时应采用阶梯坡形槎，接槎层层搭接紧密，但离开阴阳角处不得小于 200mm。

（3）防水层阴阳角应做成圆弧形，阳角直径一般为 10mm，阴角直径一般为 50mm。

8. 聚合物水泥砂浆施工要点

（1）掺入聚合物要准确计量，要严格按照生产厂家提供的配方配料。

（2）聚合物砂浆配制要拌和均匀，在施工中不能来回抹压，以免将砂浆带空鼓，同时应找准砂浆的搓毛时间。

（3）拌合物应在限定时间内用完。超限定时间，严禁使用。

12.4.3 质量标准

（1）水泥砂浆防水层的原材料及配合比必须符合设计要求。

检验方法：检查出厂合格证、质量检验报告、计量措施和现场抽样试验报告。

（2）水泥砂浆防水层各层之间必须结合牢固，无空鼓现象。

检验方法：观察和用小锤轻击检查。

（3）防水砂浆的粘结强度和抗渗性能必须符合设计规定。

检验方法：检查砂浆粘结强度、抗渗性能检验报告。

（4）水泥砂浆防水层表面应密实、平整，不得有裂纹、起砂、麻面等缺陷；阴阳角处应做成圆弧形。

检验方法：观察检查。

（5）水泥砂浆防水层施工缝留槎位置应正确，接槎应按层次顺序操作，层层搭接紧密。

检验方法：观察检查和检查隐蔽工程验收记录。

（6）水泥砂浆防水层的平均厚度应符合设计要求，最小厚度不得小于设计值的 85%。

检验方法：观察和尺量检查。

（7）水泥砂浆防水层表面平整度的允许偏差应为 5mm。

检验方法：用 2m 靠尺和楔形塞尺检查。

12.4.4 成品保护

（1）抹灰脚手架应离开墙面 200mm，拆架子时不得碰坏墙面及棱角。

（2）落地灰应及时清理，不得沾污地面基层或防水层。

（3）地面防水层抹完后，在 24h 内防止上人踩踏（如需上人应铺设垫板）。

12.4.5 安全、环保措施

（1）环境因素和危险源控制措施

严格按施工组织设计要求合理布置施工现场的污水、废水排放，做到施工现场整洁。

加强对砂浆拌制时所产生粉尘、扬尘的控制工作，根据工程实际采取机械通风等措施，以满足施工要求，如搅拌机应加防尘罩，操作工应戴好防护口罩。

施工期间应执行《建筑施工场界环境噪声排放标准》GB 12523—2011 规定，采取降噪声和隔声措施，减少扰民。

施工现场严禁焚烧各类废弃物。

（2）危险源控制措施

特种作业人员必须遵守各工种的《安全技术操作规程》，持上岗证进行作业。现场各种机械设备临时用电应由专业电工负责管理并实施。

所购外加剂、聚合物应按规定进行放置，使用人员应对其运输、储存、保管、使用过程进行管理。

食堂应办理卫生许可证，炊事人员持健康证上岗，防止疾病蔓延。

13

⑬

高聚物改性沥青卷材施工工艺

13.1 施工工艺流程

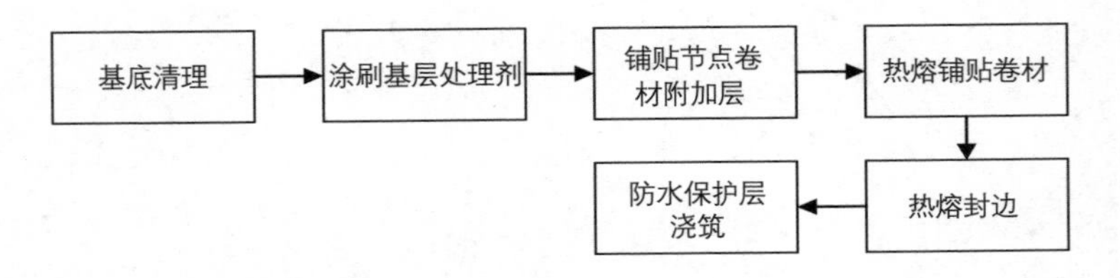

13.2 施工工艺标准图

序号	施工步骤	材料、机具准备	工艺要点	效果展示
1	基层清理	高压吹风机、平铲、钢丝刷、笤帚	基层必须牢固，无松动、起砂等缺陷。基层表面应平整、洁净、均匀一致。基层与变形缝或管道等相连接的阴角，应做成均匀一致、平整、光滑的折角或圆弧。排水口地漏应低于基层；有套管的管道部位，应高于基层表面不少于20mm。基层应干燥，基层高低不平或坑较大时，采用加乳胶（占水泥重的15%）1 ∶ 3水泥砂浆抹平。基层表面凸出的异物、砂浆疙瘩等必须铲除，尘土、杂物清除干净。阴阳角、管道根部等处更应仔细清理，若有油污、铁锈等，应用砂纸、钢丝刷、溶剂等予以清除干净	
2	涂刷基层处理剂	与所选防水卷材相配套的基层处理剂	涂布与所选防水卷材相配套的基层处理剂。对阴角、管道根部等复杂部位，应用油漆刷蘸底胶先均匀涂刷一遍，再用长把滚刷进行大面涂布。涂布应均匀	

续表

序号	施工步骤	材料、机具准备	工艺要点	效果展示
3	铺贴节点卷材附加层	所选防水卷材	在铺贴卷材前、应对阴阳角、排水口、管道等薄弱部位做加强层处理，方法有两种：采用聚氨酯涂膜防水材料处理，涂刷在细部周围，涂刷宽度应距细部中心不小于200mm，涂刷厚度约为2mm。涂刷24h后，进行下一道工序的施工；采用非硫化密封胶片或自硫化密封胶片粘贴作为加强层，采用“抬铺法”，按细部形状将卷材剪好，先在细部预贴一下，其尺寸、形状合适后冷粘于细部上	
4	热熔铺贴卷材		热熔铺贴卷材：热铺贴卷材时，火焰加热器的喷嘴应处在成卷卷材与基层夹角中心线上，距粘贴面300mm左右处； “滚铺法”先铺贴始端，施工时手持液化气火焰喷枪，使火焰对准卷材与基面交接处，同时加热卷材底面与基层面，当卷材底面呈熔融状即进行粘铺。至卷材端头剩余约300mm时，将卷材端头翻放在隔热板上再行熔烤后，将端部卷材铺牢、压实。起始端卷材粘牢后，持火焰喷枪的人应站在滚铺前方，对着待铺的整卷卷材，使火焰对准卷材与基层面的夹角，喷枪距卷材及基层加热处约0.3～0.5m，往复移动，烘烤至卷材底面胶层呈黑色光泽并伴有微泡时推滚卷材进行粘铺	

续表

序号	施工步骤	材料、机具准备	工艺要点	效果展示
5	热熔封边	所选防水卷材	卷材收头可用垫铁压紧、射钉固定，并用密封材料填实封严	
6	防水保护层浇筑	细石混凝土、水泥砂浆、泡沫塑料、砖墙	在卷材防水层质量验收合格后，平面、坡面使用细石混凝土保护层，立面可使用水泥砂浆、泡沫塑料、砖墙保护层。细石混凝土保护层密封纸胎油毡等作隔离层，在立面卷材防水层外侧用氯丁烯胶粘剂直接粘贴 5 ~ 6mm 厚的聚乙烯泡沫塑料作保护层。也可用聚醋酸乙烯乳液粘贴 40mm 厚的聚苯泡沫塑料作保护层。在卷材防水层外侧砌筑永久保护墙时，不得损坏已完工的卷材防水层	

13.3 控制措施

序号	预控项目	产生原因	预控措施
1	卷材内部产生气泡	阴阳角部位未做圆弧	涂料防水层的基层应牢固，基面应洁净、平整、不得有空鼓、松动、起砂和脱皮现象；基层阴阳角应做成圆弧形
2	防水卷材出现渗漏	粘结不牢	应粘结牢固，密封严密，不得有皱折、翘边和鼓泡等缺陷

续表

序号	预控项目	产生原因	预控措施
3	防水卷材不符合设计要求	材料不合格	涂料防水层所用材料有出厂合格证、质量检验报告，复检实验报告合格，且材料及配合比必须符合设计要求

13.4 技术交底

13.4.1 施工准备

（1）合成高分子防水卷材施工所需的基层处理剂、基层胶粘剂，卷材胶粘剂一般由生产厂家提供，施工时应按厂家规定的配合比和要求在现场配制使用，并应存放在通风、干燥、远离火源的室内。

（2）高聚物改性沥青防水卷材：是合成高分子聚合物改性沥青油毡常规的有 SBS 改性沥青油毡。

（3）配套材料：氯丁胶沥青胶粘剂：由氯丁橡胶加入沥青和溶剂等配制而成，为黑色液体；橡胶沥青嵌缝膏：即密封膏，用于细部嵌固边缘；保护层料：石片、各色保护涂料；汽油、二甲苯，用于清洗受污染的部位。

13.4.2 操作工艺

1. 工艺流程

滚铺法操作工艺（热熔法施工）：基层清理→涂刷基层处理剂→铺贴卷材附加层→铺贴卷材→热熔封边→蓄水试验→保护层。

2. 施工要点

（1）基层清理：施工前将验收合格的基层表面尘土、杂物清理干净。

（2）涂刷基层处理剂：高聚物改性沥青卷材施工，按产品说明书配套使用，基层处理剂是将氯丁橡胶胶粘剂加入工业汽油稀释，搅拌均匀，用长把滚刷均匀涂刷于基层表面上，常温经过 4h 后，开始铺贴卷材。

（3）附加层施工：一般用热熔法使用改性沥青卷材施工防水层，在女儿墙、水落口、管根、檐口阴阳角等细部先做附加层，附加的范围应符合设计和屋面工程技术规范的规定。

（4）铺贴卷材：卷材的层数、厚度应符合设计要求，多层铺设时接缝应错开，将改性沥青防水卷材剪成相应尺寸，用原卷心卷好备用铺贴时随放卷材随用火焰喷枪加热基层与卷材的交接处，喷枪距卷材面 300mm 左右，往返均匀加热，趁卷材的材面刚刚熔化时，将卷材向前滚铺、粘贴，搭接部位应满粘牢固，搭接宽度为满粘法 80mm。

（5）热熔封边：将卷材搭接处用喷枪加热，趁热使两者粘结牢固，以边缘挤出沥青为度，末端收头用密封膏嵌填严密。防水保护层施工：上人屋面按设计要求做各种刚性防水屋面保护层。

（6）保护层形式有两种：防水层表面涂刷氯丁橡胶沥青胶粘剂，随即撒石片，要求铺撒均匀，粘结牢固，形成石片保护层；涂刷银色反光涂料。

采用热熔法铺贴卷材时，先把卷材展铺在预定的位置上，将卷材末端用火焰加热器加热熔融涂盖层，并粘贴固定在预定的基层表面上，然后把卷材的其余部分重新卷成一卷，并用火焰加热器对准卷成卷的卷材与基层表面的夹角，均匀加热至卷材表面开始熔化并呈光亮黑色状态时，即可边熔卷材涂盖层边滚铺卷材，滚铺时应排除卷材与基层之间的空气，使之平展并粘结牢固，卷材的搭接缝部位，以均匀地溢出改性沥青为度。如为两层卷材防水，在铺贴第二层卷材时，其接缝必须与第一层卷材的接缝错开幅宽的 1/3 ~ 1/2。第二层卷材的铺贴方法与第一层卷材铺贴方法相同。

13.4.3 质量标准

（1）卷材防水层所用卷材及主要配套材料必须符合设计要求。

检验方法：检查出厂合格证、质量检验报告和现场抽样试验报告。

（2）卷材防水层及其转角处、变形缝、穿墙管道等细部做法均须符合设计要求。

检验方法：观察检查和检查隐蔽工程验收记录。

（3）卷材防水层的搭接缝应粘结或焊接牢固，密封严密，不得有扭曲、皱折、翘边和起泡等缺陷。

检验方法：观察检查。

（4）采用外防外贴法铺贴卷材防水层时，立面卷材接槎的搭接宽度，高聚物改性沥青类卷材应为 150mm，合成高分子类卷材应为 100mm，且上层卷材应盖过下层卷材。

检验方法：观察和尺量检查。

（5）侧墙卷材防水层的保护层与防水层应结合紧密，保护层厚度应符合设计要求。

检验方法：观察和尺量检查。

（6）卷材搭接宽度的允许偏差为 -10mm。

检验方法：观察和尺量检查。

13.4.4 成品保护

1）卷材在运输及保管时平放不高于四层，立放不高于两层，不得斜放，应避免雨淋、日晒、受潮，以防粘结变质。

2）已铺贴好的卷材防水层，应及时采取保护措施。操作人员不得穿带钉鞋在底板上作业。

3）穿墙和地面管道根部、地漏等，不得碰坏或造成变位。

4）卷材铺贴完成后，要及时做好保护层。外防外贴法墙角留槎的卷材要妥加保护，防止断裂和损伤并及时砌好保护墙；各层卷材铺完后，其顶端应给予临时固定，并加以保护，或砌筑保护墙和进行回填土回填，保护层应符合以下规定：

（1）顶板卷材防水层上的细石混凝土保护层厚度应符合设计要求，防水层为单层卷材时，在防水层与保护层之间应设置隔离层；

（2）底板卷材防水层上的细石混凝土保护层厚度不应小50mm；

（3）侧墙卷材防水层宜采用软保护或铺抹20mm厚的1∶3水泥砂浆。

13.4.5 安全、环保措施

（1）参加沥青操作人员应穿工作服，戴安全帽、口罩、手套、帆布脚盖等劳保用品；工作前手、脸及外露皮肤应涂擦防护油膏等。

（2）地下室通风不良时，铺贴卷材应采取通风措施，防止有机溶剂挥发，致使操作人员中毒。

（3）不准焚烧产生有毒气体的物品。

（4）胶粘剂、水性处理剂、稀释剂和溶剂等使用后，应及时封闭存放，废料应及时清出室内。

14

⑭ 自粘型橡胶沥青防水卷材施工工艺

14.1 施工工艺流程

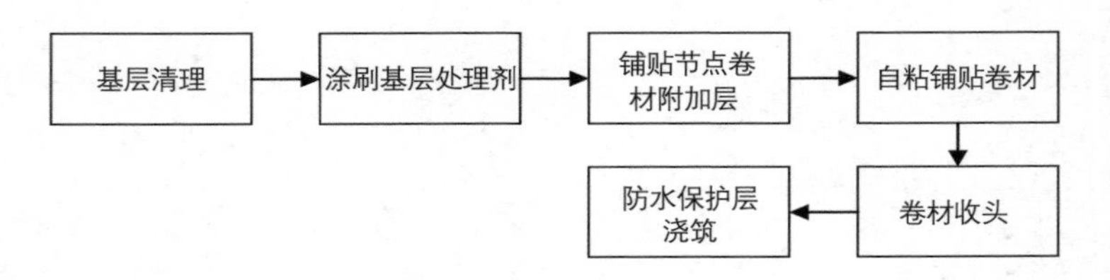

14.2 施工工艺标准图

序号	施工步骤	材料、机具准备	工艺要点	效果展示
1	基层清理	高压吹风机、平铲、钢丝刷、笤帚	基层必须牢固，无松动、起砂等缺陷。基层表面应平整、洁净、均匀一致。基层与变形缝或管道等相连接的阴角，应做成均匀一致、平整、光滑的折角或圆弧。排水口地漏应低于基层；有套管的管道部位，应高于基层表面不少于20mm。基层应干燥，基层高低不平或坑较大时，采用加乳胶（占水泥重的15%）1 ∶ 3水泥砂浆抹平。基层表面凸出的异物、砂浆疙瘩等必须铲除，尘土、杂物清除干净。阴阳角、管道根部等处更应仔细清理，若有油污、铁锈等，应以砂纸、钢丝刷、溶剂等予以清除干净	
2	涂刷基层处理剂	与所选防水卷材相配套的基层处理剂	涂布与所选防水卷材相配套的基层处理剂。对阴角、管道根部等复杂部位，应用油漆刷蘸底胶先均匀涂刷一遍，再用长把滚刷进行大面涂布。涂布应均匀	

续表

序号	施工步骤	材料、机具准备	工艺要点	效果展示
3	铺贴节点卷材附加层	所选防水卷材	细部附加层“拾铺法”施工，将已裁剪好的卷材片隔离纸掀开，即可粘贴在已涂刷基层处理剂的基层上，并压实、粘牢	
4	自粘铺贴卷材		大面铺贴自粘卷材时，可采用滚铺法和展铺法。将卷材置于起始位置，对好长短方向搭接缝，先隔离纸朝下滚展卷材500mm左右，将已展开的部分隔离纸剥开慢慢放下卷材平铺在基层上，推压卷材，粘好起始端。然后，一人在卷材前边展开卷材边，剥去隔离纸，另一人在卷材后用辊子压实卷材，使之与基层粘贴密实，并随时控制好卷材的平整、顺直和搭接缝宽度。展铺法首先应弹线定位，并按需裁剪卷材，将卷材展开，对准基准线试铺。将卷材展开，沿中线对卷，从中线将隔离纸剪开。将半幅卷材重新铺开就位，拉住已经撕开的隔离纸纸头均匀用力向后拉，同时用压辊从卷材中部向两侧滚压，将气体排出，再铺贴另半幅卷材。较复杂或隔离纸不易掀到的铺贴部位，可采用“拍铺法”。剪好的卷材认真、仔细地剥除隔离纸，用力要适度、已剥开的隔离纸与卷材宜呈锐	

续表

序号	施工步骤	材料、机具准备	工艺要点	效果展示
4	自粘铺贴卷材	所选防水卷材	角，这样不易拉断隔离纸。如出现小片隔离纸粘连在卷材上时，可用小刀仔细挑出，注意不能刺破卷材，实在无法剥离时，应用密封材料加以涂盖。铺放完毕后，再进行排气减压	
5	卷材收头	与所选防水卷材相配套的专用胶粘剂或者密封胶	可采用专用的接缝胶粘剂及密封胶进行密封处理，也可焊接处理	
6	防水保护层浇筑	混凝土	在卷材防水层质量验收合格后，平面、坡面使用细石混凝土保护层，立面可使用水泥砂浆、泡沫塑料、砖墙保护层。细石混凝土保护层密封纸胎油毡等作隔离层、在立面卷材防水层外侧用氯丁烯胶粘剂直接粘贴 5 ~ 6mm 厚的聚乙烯泡沫塑料作保护层。也可用聚醋酸乙烯乳液粘贴 40mm 厚的聚苯泡沫塑料作保护层。在卷材防水层外侧砌筑永久保护墙时，不得损坏已完工的卷材防水层	

14.3 控制措施

序号	预控项目	产生原因	预控措施
1	防水卷材内部出现气泡	未用压辊压实卷材搭接边	搭接时掀开卷材搭接处的隔离膜，保证搭接处干净、干燥、没有灰尘，用压辊压实卷材搭接边，挤出搭接边气泡，紧密压实粘牢
2	防水卷材出现渗漏	粘结不牢	应粘结牢固，密封严密，不得有皱折、翘边和鼓泡等缺陷
3	卷材搭接长度	卷材搭接长度不足	卷材的搭接宽度的允许偏差为 –10mm，相邻两排卷材的短边接头应相互错开 1500mm 以上

14.4 技术交底

14.4.1 施工准备

（1）清理防水基层的施工工具：铁锹、扫帚、吹尘器（或吸尘器）、手锤、钢凿、抹布等。

（2）卷材铺贴的施工工具：剪刀、卷尺、弹线盒、滚刷、胶压辊等。

（3）施工时气温应在 5℃以上，不宜在特别潮湿且不通风环境中施工。施工现场应有良好的通风条件。

14.4.2 操作工艺

1. 施工工艺

基层表面清理、修补→涂刷配套的基层处理剂→节点部位粘贴→定位、弹基准线→铺贴自粘性橡胶防水卷材→滚压、排气→

收头处理及搭接组织验收→保护层施工。

2. 施工要点

（1）基层处理：基面清理干净验收合格后，将专用基层处理剂均匀涂刷在基层表面，涂刷时按一个方向进行，厚薄均匀，不漏底、不堆积，晾放至指触不粘。

（2）节点部位粘贴：阴阳角处须用砂浆做成 50mm 的圆角，增设防水附加层一道，附加层中设有玻纤布一道。管口与基面交接处，抹好找平层后，预留凹槽，嵌填密封材料，再给管道四周除锈、打光；管口部位的四周 500mm 范围内设防水附加层，增设玻纤布一道，确保全面达到防水效果。

（3）弹线、试铺：在底涂上按实际搭接面积弹出粘贴控制线，严格按粘贴控制线试铺及实际粘铺卷材，以确保卷材搭接宽度在 6 ~ 7cm（卷材上有标志）。根据现场特点，确定弹线密度，以便确保卷材粘贴顺直，不会因累积误差而出现粘贴歪斜的现象。卷材应先试铺就位，按需要形状正确剪裁后，方可开始实际粘铺。

（4）滚铺法：即掀剥隔离纸与铺贴卷材同时进行。施工时不需要打开整卷卷材，用一根钢管插入成筒卷材中心的纸芯筒，然后由两人各持钢管一端抬至待铺位置的起始端，并将卷材向前展出约 500mm，由另一人掀剥此部分卷材的隔离纸，并将其卷到已用过的包装纸芯筒上。将已剥去隔离纸的卷材对准已弹好的基线轻轻摆铺，再加以压实。起始端铺贴完成后一人缓缓掀剥隔离纸卷入上述纸芯筒上，并向前移动，抬着卷材的两人同时沿基准线向前滚铺卷材，注意两人的移动速度要协调，铺完一幅卷材后，使用长柄滚刷由起始端开始，彻底排除卷材下面的空气，然后再用大压辊或手持压辊将卷材压实，粘贴牢固。

（5）收头固定、封闭：卷材四周末端收头伸入凹槽（深20mm×高40mm～60mm的梯形槽）内，金属压条钉牢固，用专用封边膏密封。相邻两排卷材的短边接头应相互错开300mm以上，以免多层接头重叠而使得卷材粘贴不平。防水面积很大，必须分阶段施工时，中间过程中临时收头很多，应采用专用密封膏做好临时封闭。

14.4.3 质量标准

（1）卷材防水层所用卷材及主要配套材料必须符合设计要求。

检验方法：检查出厂合格证、质量检验报告和现场抽样试验报告。

（2）卷材防水层及其转角处、变形缝、穿墙管道等细部做法均须符合设计要求。

检验方法：观察检查和检查隐蔽工程验收记录。

（3）卷材防水层的搭接缝应粘结或焊接牢固，密封严密，不得有扭曲、皱折、翘边和起泡等缺陷。

检验方法：观察检查。

（4）采用外防外贴法铺贴卷材防水层时，立面卷材接槎的搭接宽度，高聚物改性沥青类卷材应为150mm，合成高分子类卷材应为100mm，且上层卷材应盖过下层卷材。

检验方法：观察和尺量检查。

（5）侧墙卷材防水层的保护层与防水层应结合紧密，保护层厚度应符合设计要求。

检验方法：观察和尺量检查。

（6）卷材搭接宽度的允许偏差为 -10mm。

检验方法：观察和尺量检查。

14.4.4 成品保护

1）卷材在运输及保管时平放不高于四层，立放不高于两层，不得斜放，应避免雨淋、日晒、受潮，以防粘结变质。

2）已铺贴好的卷材防水层，应及时采取保护措施。操作人员不得穿带钉鞋在底板上作业。

3）穿墙和地面管道根部、地漏等，不得碰坏或造成变位。

4）卷材铺贴完成后，要及时做好保护层。外防外贴法墙角留槎的卷材要妥加保护，防止断裂和损伤并及时砌好保护墙；各层卷材铺完后，其顶端应给予临时固定，并加以保护，或砌筑保护墙和进行回填土回填，保护层应符合以下规定：

（1）顶板卷材防水层上的细石混凝土保护层厚度应符合设计要求，防水层为单层卷材时，在防水层与保护层之间应设置隔离层；

（2）底板卷材防水层上的细石混凝土保护层厚度不应小于50mm；

（3）侧墙卷材防水层宜采用软保护或铺抹 20mm 厚的 1 ：3 水泥砂浆。

14.4.5 安全、环保措施

（1）参加沥青操作人员应穿工作服，戴安全帽、口罩、手套、帆布脚盖等劳保用品；工作前手、脸及外露皮肤应涂擦防护油膏等。

（2）地下室通风不良时，铺贴卷材应采取通风措施，防止有机溶剂挥发，致使操作人员中毒。

（3）不准焚烧产生有毒气体的物品。

（4）胶粘剂、水性处理剂、稀释剂和溶剂等使用后，应及时封闭存放，废料应及时清出室内。

15

⑮

地下工程涂膜防水施工工艺

15.1 施工工艺流程

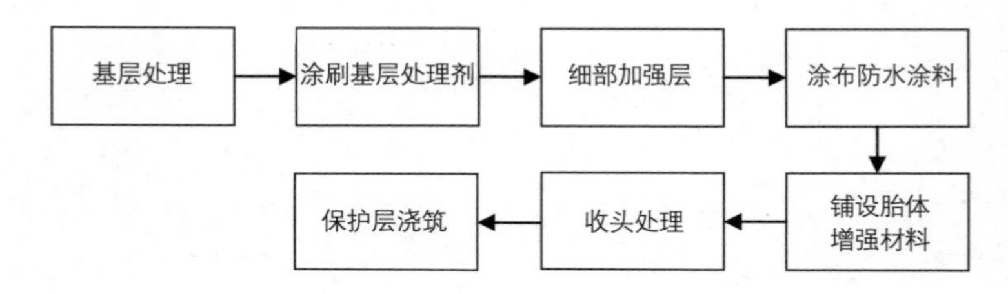

15.2 施工工艺标准图

序号	施工步骤	材料、机具准备	工艺要点	效果展示
1	基层处理	水泥砂浆、水泥腻子、刮刀	基层表面如不能达到操作要求时，应用水泥砂浆找平，并采用掺入水泥量 15% 的聚合物乳液调制的水泥腻子填充刮平。有穿墙套管时，套管按规定安装牢固、收头圆滑	
2	涂刷基层处理剂	所对应的基层处理剂	当基面较潮湿时，应涂刷湿固化型界面处理剂或潮湿界面隔离剂；基层处理剂在用刷子薄涂时需用力，使涂料尽可能地挤进基层表面的毛细孔中，这样可将毛细孔中可能残存的少量灰尘等无机杂质部分挤出，并像填充料一样混合在基层处理剂中，增强了其与基层的结合力	
3	细部加强层	防水涂料	防水涂料大面积施工前，阴阳角、变形缝、穿墙管根部等部位均需增加一层胎体增强材料，并增涂 2 ~ 4 遍防水涂料，宽度不应小于 600mm	

序号	施工步骤	材料、机具准备	工艺要点	效果展示
4	涂布防水涂料	防水涂料	涂布立面涂料时宜采用蘸涂法，涂刷应均匀。平面涂布时可先倒料在待涂刷的地上，用橡胶刮板将其均匀刮涂在基面上，每层用料为 0.8 ~ 1.0kg/m²，厚度为 0.6 ~ 0.8mm。第 1 层涂完后静等 12 ~ 24h，再涂第 2 层厚度为 0.8 ~ 10mm，施工时可在第 1 层与第 2 层之间铺设涂布，以提高涂层强度。涂层总厚度约为 1.5mm。当设计厚度为 2.0mm 时，在第 2 层涂料固化、不粘手时，再涂 0.3 ~ 0.5mm 的第 3 层涂层。这一层对防水性能要求较高，应与第 2 层交叉涂刷。注意不可在一处倒得过多，否则涂料难以刷开，造成厚薄不均现象。涂刷时涂层中不能塞入气泡，如有气泡应及时消除，涂刷的次数应按试验确定，不可一遍涂刷过厚。在前一遍涂层干燥后，进行后一遍涂层的涂刷前，要将涂层上的灰尘、杂质清理干净。后遍涂料涂布前，应检查并修补前一遍涂层存在的气泡、露底、漏刷、胎体增强材料皱折、翘边、杂物混入等缺陷。涂料涂布应分条或按顺序进行。分条进行时、每条宽度应与胎体增强材料	

续表

序号	施工步骤	材料、机具准备	工艺要点	效果展示
4	涂布防水涂料	防水涂料	宽度相一致，各道涂层之间按相互垂直的方向涂刷，以提高涂膜防水层的整体性和均匀性，同层涂膜的先后搭压宽度宜为 30 ~ 50mm；涂膜防水层的甩槎处宽度应大于 100mm，接涂前应将其甩槎表面处理干净	
5	铺设胎体增强材料	所对应的胎体增强材料	涂膜防水层中铺贴的胎体增强材料，同层相邻的搭接宽度不应小于 100mm，上下层接缝应错开 1/3 宽。铺胎体增强材料是在涂刷第 2 或第 3 层涂料前，采用湿铺法或干铺法铺贴。湿铺法就是在第 2 层涂料或第 3 层涂料涂刷时，边倒料边涂布、边铺贴的操作方法。在施工时，用刷子或刮板将涂料仔细、均匀地涂布在已干燥的涂层上，使全部胎体增强材料浸透涂料，这样上下两层涂料就能结合良好，保证了防水效果。干铺法是在上道涂层干燥后，先干铺胎体增强材料，然后用刮板均匀满刮一道涂料，并使涂料浸透到已固化的底层涂膜上，使得上、下层涂膜及胎体形成一个整体的涂膜防水层	
6	收头处理	所对应的胎体增强材料、密封材料	所有胎体增强材料收头均应用密封材料压边，防止收头部位翘边，压边宽度不得小于 10mm。收头处的胎体增强材料应裁剪整齐；如有凹槽，可压入凹槽内，不得出现翘边、皱折、露白等现象；否则，应进行处理后再涂；封密材料	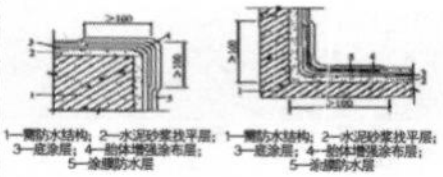

续表

序号	施工步骤	材料、机具准备	工艺要点	效果展示
7	保护层浇筑	细石混凝土	有机防水涂料施工完后应及时做保护层，在养护期不得上人行走，亦禁止在涂膜上放置物品等。底板、顶板细石混凝土保护层厚度不小于50mm，防水层与保护层之间宜设置隔离层；侧墙背水面保护层应采用20mm厚的1 ： 2.5水泥砂浆；侧墙迎水面保护层宜用软质保护材料或20mm厚的1 ： 2.5水泥砂浆	

15.3 控制措施

序号	预控项目	产生原因	预控措施
1	渗漏	防水层渗漏水主要是穿过楼板的管根、地漏、卫生洁具及阴阳角等部位。其原因是此部位部件松动、粘结不牢，涂刷不严密或局部损坏。部件接槎封口处搭接长度不够所造成	要认真检查管根、地漏等关键部位的施工，做附加层时特别注意要细致。检查关键的基层的牢固并且无松动、空鼓、裂缝。施工过程中应加强成品保护，严禁已完成的防水层造成人为破坏
2	细部处理不当	施工过程操作人员不认真进行细部处理，或不按技术方案交底施工	过程中加强跟踪，同时加强技术交底
3	空鼓	找平层施工后含水量未达到要求便进行下道工序	施工过程中应将防水施工的找平层提前施工完成并干燥，当基层含水率达到要求后才能下道工序施工

续表

序号	预控项目	产生原因	预控措施
4	裂缝	建筑物的不均匀下沉，结构变形，温差变形和干缩变形，常造成屋面板胀缩、变形，使防水涂膜被拉裂。 使用伪劣涂料，有效成分挥发老化，涂膜厚度薄，抗拉强度低等也可使涂膜被拉裂或涂膜自身产生龟裂	基层要按规定留设分格缝，嵌填柔性密封材料并在分格缝、排气槽面上涂刷宽300mm的加强层，严格涂料施工工艺，每道工序检查合格后方可进行下道工序的施工，防水涂料必须经抽样测试合格后方可使用。 在涂膜由于受基层影响而出现裂缝后，沿裂缝切割20mm×20mm（宽×深）的槽，扫刷干净，嵌填柔性密封膏，再用涂料进行加宽涂刷加强，和原防水涂膜粘结牢固。涂膜自身出现龟裂现象时，应清除剥落、空鼓的部分，再用涂料修补，对龟裂的地方可采用涂料进行嵌涂

15.4 技术交底

15.4.1 施工准备

1. 材料要求

防水涂料、胎体增强材料、密封材料。

2. 施工机具

应备有电动搅拌器、塑料圆底拌料桶、台秤、吹风机（或吸尘器）、扫帚、油漆刷、滚动刷、橡皮刮板及消防器材等。

3. 作业要求

（1）基层表面的气孔、凹凸不平、蜂窝、缝隙、起砂等，应用水泥砂浆找平或用聚合物水泥腻子填补刮平。

（2）涂料施工前，基层阴阳角应做成圆弧形，阴角直径宜大于

50mm，阳角直径宜大小 10mm。

（3）涂料施工前应先对阴阳角、预埋件、穿墙等部位进行密封或加强处理。

（4）涂料的配制及施工，必须严格按涂料的技术要求进行。

（5）基层应干燥，含水率不得大于 9%，当含水率较高或环境湿度大于 85% 时，应在基面涂刷一层潮湿隔离剂。基层含水率测定，可用高频水分测定计测定，也可用厚为 1.5 ~ 2.0mm 的 1m^2 橡胶板材覆盖基层表面，放置 2 ~ 3h，若覆盖的基层表面无水印，且紧贴基层的橡胶板一侧也无凝结水印，则基层的含水率即不大于 9%。

（6）不同基层衔接部位、施工缝处，以及基层因变形可能开裂或已开裂的部位，均应嵌补缝隙，并用密封材料进行补强处理。

（7）涂料防水层严禁在雨天、雾天、五级及以上大风时施工，不得在施工环境温度低于 5℃及高于 35℃或烈日暴晒时施工。

15.4.2 操作工艺

1. 工艺流程

基层清理→涂刷底胶→涂膜防水层施工（分遍刮膜）→防水层一次试水→涂膜保护层→防水层二次试水→防水层验收。

2. 施工要点

1）基层清理：防水层施工前，先将基层表面的杂物，灰浆硬块，砂粒，灰尘等清扫干净，再用干净的湿布擦一次。经检查表面平整，无起砂，空洞等缺陷，方可进行下一道工序。

2）涂膜防水层施工

（1）材料配制：聚氨酯按甲料、乙料和二甲苯以 1 ∶ 1.5 ∶ 0.3

的比例（重量比）配合，用电动搅拌器强制搅拌 3 ~ 5min，至充分拌和均匀即可使用。配好的混合料应 2h 内用完，不可时间过长。

（2）附加涂膜层：阴阳转角、管道周围等薄弱部位，应在涂膜层大面积施工前，先做好上述部位的增强涂层（附加层）。

（3）涂刷第一道涂膜：在前一道涂膜加固层的材料固化并干燥后，应先检查其附加层部位有无残留的气孔或气泡，如没有，即可涂刷第一层涂膜：如有气孔或气泡，则应用橡胶刮板将混合料用力压入气孔，局部再刷涂膜，然后进行第一层涂膜施工。涂刮第一层聚氨酯涂膜防水材料，可用塑料或橡皮刮板均匀涂刮，力求厚度一致，在 1.0mm 左右。同层涂膜的先后搭槎宽度宜为 30 ~ 50mm，施工缝（甩）应注意保护，搭接缝宽应大于 100mm，接涂前应将其甩槎表面处理干净。卫生间墙面由地面上翻 1800mm，其他用水墙面需由用水口上翻 600mm。

（4）涂刮第二道涂膜：第一道涂膜固化后，即可在其上均匀地涂刮第二道涂膜，涂刮方向应与第一道的涂刮方向相垂直，涂刮第二道与第一道相间隔的时间一般不小于 24h，亦不大于 72h，二层涂膜总厚度不小于 1.5mm。

3）蓄水试验：在第二道涂膜固化后，进行蓄水试验，蓄水深度为超过地坪最高点 20 ~ 30mm, 在 24h 内无渗漏为合格，并做好记录，方可隐蔽验收并进入下道工序。

4）涂膜保护层：保护层采用 1 ∶ 2 水泥砂浆 10mm 厚（墙体立面可以不做保护层，但需要刷界面剂并做拉毛处理）。立面在做设备固定或打钉时 , 若有损坏应修复直到达到要求（施工时要注意保护好防水层，要穿胶鞋施工）。

5）防水层二次试水：保护层完成后保护层水泥砂浆再完成铺设

要经过 72h，水泥砂浆固化稳定后可进行防水层二次试水，试水时应做 24h 以上的蓄水试验，遇有渗漏，应进行彻底补修，至不出现渗漏为止。未发现渗水漏水为合格，然后进行隐蔽工程检查验收，交下道施工。

15.4.3 质量标准

（1）涂料防水层所用材料及配合比必须符合设计要求。

检验方法：检查出厂合格证、质量检验报告、计量措施和现场抽样试验报告。

（2）涂料防水层的平均厚度应符合设计要求，最小厚度不得小于设计厚度的 90%。

检验方法：用针测法检查。

（3）涂料防水层及其转角处、变形缝、穿墙管道等细部做法均须符合设计要求。

检验方法：观察检查和检查隐蔽工程验收记录。

（4）涂料防水层应与基层粘结牢固，涂刷均匀，不得流淌鼓泡、露槎。

检验方法：观察检查。

（5）涂层间夹铺胎体增强材料时，应使防水涂料浸透胎体覆盖完全，不得有胎体外露现象。

检验方法：观察检查。

（6）侧墙涂料防水层的保护层与防水层应结合紧密，保护层厚度应符合设计要求。

检验方法：观察检查。

15.4.4 成品保护

（1）操作人员应按顺序作业，避免过多在已施工的涂膜层上走动，同时工人不得穿带钉子鞋操作。

（2）穿过地面、墙面等处的管根、地漏，应防止碰损、变位。地漏、排水口等处应保持畅通，施工时应采取保护措施。

（3）涂膜防水层未固化前不允许上人作业；干燥固化后应及时做保护层，以防破坏涂膜防水层，造成渗漏。

（4）涂膜防水层施工时，应注意保护门窗、墙壁等成品，防止污染。

（5）严禁在已做好的防水层上堆放物品，尤其是金属物品。

（6）涂膜固化前如有降雨可能时，应及时做好已完涂层的保护工作。

15.4.5 安全、环保措施

（1）聚氨酯甲、乙料，固化剂和稀释剂等均为易燃品，应贮存在阴凉、远离火源的地方，贮仓及施工现场应严禁烟火。

（2）现场操作人员应戴防护手套，避免聚氨酯污染皮肤。